大展好書　好書大展

醫學博士
楊啓宏／著

美容外科淺談

美容科學爲人類所帶來的新境界

序　言

美容外科是一門新興的科學。近幾年來由歐美各國首先帶領，日本及台灣的社會也急起直追，使得這門新興學問，頻受各層階級人士的重視。不論男女，不計老少，大家都興起一股對美容外科的興趣。

今天的社會，是一個全面公開的社會。你的臉上皺紋增加了，不需要太多的普通常識，你自己，甚至於你的朋友都知道你將需要拉臉皮了。如果你生下來並沒有雙眼皮，你的同學或者你自己都知道，醫生能夠很容易的為你製造一對雙眼皮的。又如肚皮太大了可以抽脂，鼻子太小了能夠隆鼻……等等，再再都表示著美容外科是多麼普通的深入到社會的每一個角落裡面呢。

雖然美容外科是這樣的普通，不過幾乎大眾所知道的美容外科都是相當膚淺的。雖然大家都知道鼻子太小了需要隆鼻，不過很少人知道，到底隆鼻有多少不同的方法？到底注入矽膠來隆鼻子好不好？它會發生什麼樣的結果或副作用呢？

這種種事情是相當重要的，如果你不知道這些事情，而只一知半解的知道醫生可以隆鼻，甚至任何一個人都可以為你隆鼻，這將會使你發生很大危險的。

如果你只知道一點皮毛，倒不如完全不知道的好，因為如果你完全不知道，你可能不會去冒險。

相反的，你必須對美容外科瞭解得更清楚，才能夠知道怎麼樣去選擇你的醫生，怎麼樣與醫師研討，以及如何好好準備你將要做的美容外科手術以及正確的在手術後好好的、安全的照顧你自己。尤其我們東方人的體質跟西方人不大相同，有一些手術方法，以及可能發生的副作用也與西方人有異。

身為美容外科醫師的我，覺得利用大眾媒體來對大家做美容

ΩΩΩΩΩΩΩΩΩΩΩΩΩΩΩΩΩΩΩΩ

外科的介紹，以最客觀的立場，最誠懇的語言，來灌輸給大眾有關美容外科的知識是義不容辭的。

自從一九九〇年六月開始，洛城的國際日報就為我闢出一個美容專欄，每個星期一次不斷的為我刊出有關美容外科的常識。在這當中，中國晨報、太平洋時報、世界日報以及星島日報也間間斷斷的為我刊出一些文章。這兩年來，算一算也寫了不少的文章了。

作者在這期間也陸陸續續的接到了許多讀者的來信！有的是詢問一些美容外科問題，有的則要我寄給他們一些因為休假或是報紙停刊所造成中斷了的文章。

在第一年裡面，我的責任是廣泛的敍述所有美容外科的項目。在第二年當中，我只是提出一些比較有趣的，或者是大眾正在爭論的一些主題，重點式的討論。

在這第二年的週年紀念日前夕，我發覺更多讀者來信要求我

ΩΩΩΩΩΩΩΩΩΩΩΩΩΩΩΩΩΩΩΩ

ΩΩΩΩΩΩΩΩΩΩΩΩΩΩΩΩΩΩΩΩΩΩΩΩ

寄給他們我曾經寫過的文章。有的人因為在看的當時並沒有那種需要，現在覺得需要時，卻又找不到原來的那篇文章，有的人則是聽友人介紹，希望能夠看一看我對某些特別美容手術的意見。這一連串的信件以及電話，使我覺得有把這些資料聚集起來刊訂成書的必要。

我很簡單的將第一年的文章編成一冊《美容外科淺談》，因為在第一年內，我本來就有準備印行單行本的意思。

至於第二年的文章，則比較注重主題式的討論，這是因為幾年來，美容外科的進步以及改進很大，有些主題，在我第一年撰寫的時候還正在議論紛紛，一直到最近才變成定論，當然也有一些主題，就是到目前為止，還是議論分歧，更有一些美容外科的手術及理論到目前為止還繼續在進步中呢。

這些主題式討論的文章，我就統統把它收集在第二冊《美容外科新境界》。也許幾年之後，我還想出一本第三冊來討論一些

ΩΩΩΩΩΩΩΩΩΩΩΩΩΩΩΩΩΩΩΩΩΩΩΩ

ΩΩΩΩΩΩΩΩΩΩΩΩΩΩΩΩΩΩΩΩΩΩΩΩΩ

最新的美容外科成就及理論呢？

總之，美容外科是一種新進的，而且還是在天天進步的一種科學。這本書只是代表著作者個人所知的常識以及個人所學得的經驗。編寫本書的目的，是希望能夠藉此給廣泛的大眾一個最新的知識介紹而已。

可能，你還有一些問題，歡迎你來信，作者將十分樂意與你共同討論。

以下是作者的聯絡地址：CHI H. YANG, M.D. 425W. MAIN ST. #202 ALHAMBRA, CA 91801

啟宏　寫于　洛杉磯

一九九二・十・二〇

ΩΩΩΩΩΩΩΩΩΩΩΩΩΩΩΩΩΩΩΩΩΩΩΩΩ

目錄

第三章　詳述其他美容外科手術

第一章 總論

作者準備在本欄特寫，替美容外科做最新的報導。首先為此欄的內容簡單介紹一下。

第一章將簡單介紹所謂美容外科的意思以及包括的範圍。全世界性，美國及東方人所嚮往的美容外科皆有一些不同。到底美容外科有什麼新趨向？美容手術會不會發生什麼後遺症？又怎樣來預防這些後遺症的發生？……等等；皆會在此章之內敍述出來。

第二章將介紹一些東方人比較嚮往的一些手術，譬如說雙眼皮及眼袋手術、抽脂手術、脂肪移植、隆鼻、隆乳、雷射、蜘蛛網狀血管手術等等。

然後在第三章，將會分成許多小節，從頭部、臉部開始至胸腹部及四肢逐一介紹每一種美容外科手術的細節，詳述手術的目的及應該注意的可能後遺症，怎樣才能預防這些後遺症的發生等等。

讀者們也可以隨時來函詢問有關美容外科的問題。作者會在本欄內特闢一個問題答詢的部分為您做最客觀的答覆。

簡介

愛美本來就是人的天性。歷史上多少文明的發展、朝代的變遷，戰役的發生與追求美麗、美人有關。

「美」的觀念可分為兩大類。第一種是「基礎美」；第二種為「時尚美」。「基礎美」是永遠不會改變的，而「時尚美」則因時而異。

譬如說鼻子的寬度必須等於整個臉部寬度的五分之一，也就是等於每個眼睛的寬度；嘴唇、上額及下巴應該在同一條延線上……等等；這都是屬於基礎美，不合這個標準就不怎麼美，離開這個原則越遠就越不美。這是個原則，這個原則並不因時尚的變遷而改變，自古至今都是一樣的，這就是基礎美。

而「時尚美」呢？則是因時而異的。

古時中國，所謂肚大積福，臀大積財，有肥有福……等等；大家講求豐滿才是美。而現在呢？緊隨着歐美的時尚，講求線條、曲線及大胸部主義，這是時尚美。不過這種時尚美都是會改變的，可能到廿二世紀，因為人類侵入太空，禿頭及平胸便於太空旅行，可能到時這些將變成美麗的象徵了也不一定。

人類為了追求美麗，不知多少王朝的興亡，多少財產的得失是在這追求「美」的上面發生的呢？當今美國，每年成千上億的人們，不論男的或女的；花費了多少金錢及時間在追求這個「美」。

化粧品、節食、健身運動、服飾以及美容外科，都是為「美」而生的。單就美容外科而言，一九八二年一年之內，全美國五十萬人，接受美容外科手術。其中女人佔有百分之八十五。一九八八年整年內，這個數目增加了八倍，其中男性更增加到百分之三十。而美容外科手術平均費用是一千五百元美金，如果乘上接受手術的人數，不就是一個天文數字了嗎？

東方人一向比較保守；又受到舊社會觀念的影響，很多人認為尋求美容外科手術會被人取笑。不過，這種觀念，被日本人帶頭，已經漸漸被改變了。

作者所認識的一些日本權威美容外科醫師，譬如高須博士、稻業博士、大塚美容外科院長石井博士以及十仁醫院院長梅澤博士等人，他們都認為美容手術是時代的潮流，一些社會活動，人們的話題，十之七八與美容手術有關。職業婦女集會的場合，往往以自己有多種不同的美容手術為榮，以介紹自己的美容醫師給親信的朋友為耀。

高須克彌博士更特別為職業婦女在東京做一個診所，標榜上班婦女只要告假一個小時，他就可以為這個婦女完成雙眼皮縫合手術，受術者馬上可以回公司繼續上班。就像美國的速食餐廳那樣方便。有一些大公司甚至於把美麗的身材及外觀用來當成錄用的一大準則；其實在台灣又何嘗不是這個樣子。所以，由此可見保守的東方人也趨向時尚美了，渴求曲線美觀，並不是西方人獨有的專利了。

到底東方人對那些美容手術比較有趣呢？作者數次在日本與美容教授們研討結果的意見是，雙眼皮、眼袋、隆鼻及隆乳手術。由於東方人的血統因素，單眼皮、眼袋以及寬大、矮小鼻子，造成了眼皮及隆鼻手術的必要。

最近由於時尚趨向，線條美；包括高胸部、苗條腹部、臀部及大腿線條，隆乳、抽脂、脂肪移植以及蜘蛛網狀血管的去除也漸漸增加其必要性了。

至於拉臉皮、去皺紋的手術，東方人由於體質關係比較容易產生疤痕，並沒有像西方人那麼流行。不過，利用物理及化學方法去皺紋以及局部拉臉的手術還是常見的。

至於美容手術會不會有後遺症的問題，我認為也須要在此提一提的。理論上講，每一種手術都可能會有後遺症的。這包括出血、發炎、不雅的疤痕以及不如意的後果等等。

出血是一個可以避免的後遺症，病人有潛在性出血症的，應該在術前告訴醫師，先行治療之後，才可開刀。另外，受術者應該從術前兩個星期開始至術後兩個星期為止，停止使用阿斯匹靈或同類藥物。因為這些藥物容易造成出血現象。

一些手術譬如抽脂手術，術後醫師會囑咐受術者穿上緊身褲襪。如果不遵照醫師的指示，也容易發生出血的麻煩，而且效果也會比較差。還有女性病人，最好不要在經期中或前後幾天做手術，這個時期常常比較容易出血。

為了防止發炎，很多手術需要幾天前就開始使用抗生素。如果你的身體任何部位有發炎症狀時，也應避免美容手術，因為這個時候比較容易使手術部位發生發炎的現象。普通美容醫師要求受術者從術前兩天開始就用藥皂洗身及洗臉，早晚各一次，這也是為了防止發炎而做的。

東方人的皮膚有一個特有的現象，就是長疤痕。東方人的皮膚體質比西方人不好，較容易生疤痕，這是美容手術的一個剋星。作者的建議是遵照醫師的指示行事。如果不幸疤痕長出了，醫師是會有辦法來改正的。

吸煙也是一個剋星。研究結果的報告證明，吸煙者對術後的回復力比較差；而且如果必須全身麻醉時，吸煙者較容易引起肺炎及其他呼吸道的毛病。煙癮者如果能夠停抽一～二個星期，對手術是十分有幫忙的。

還有一點就是，美容外科醫師，並不是神仙，他只是一個能把醫學知識及技巧用來幫你改善美觀的一個人，每一位醫師只能答應做最大的努力，幫你完成你所嚮往的目標，而不能保證把你在一夜之間，變成唯那斯女神或者是西施。

不要把你的目標訂得太神奇化。太急切、太不合實際的要求，往往會變成不滿意結果的收場。很多美容手術，必須有耐性的等幾個月，或者經過幾次手術，才能達到目標的。而且目標也是有限的。好的醫師有時還會糾正病人太不切實際的想法及目標。

總之，大部分的後遺症，是可以預防及避免的。尤其，如果一切遵守醫師的指示行事，後遺症是會更少的。

作者一直強調，在決定手術之前，為受術者詳細解釋清楚，所有手術的方法及術後應該注意的情形。就是這樣謹慎，每個受術者應該知道，有時未可預料的事情還是會發生的。美容醫師應該會幫助你克服這些不可預料的情形。

第二章　東方人常見的美容外科手術

第一節　雙眼皮手術

東方人在青年時期之前，單眼皮者佔百分之九十以上。以後隨著年齡的增長，加上陽光的損傷，皮膚逐漸衰老，眼皮的鬆弛度增加了，百分之二十的人在這個時候會發生「假雙眼皮」的現象。不過，「假雙眼皮」與「疲勞眼皮」之間的距離很小。「假雙眼皮」本身就不是真正的雙眼皮，只是皮膚皺紋增多了，而造成了一種幻覺現象。常常聽很多人說「我只有一半雙眼皮；我有時有雙眼皮……等等」，這都是所謂「假雙眼皮」。

作者對這些人可以報告兩個消息；一個是好的，另一個是壞的。好消息是，再過一段時期，你的假雙眼皮現象會越來越明顯，因為年紀增大，皺紋增多的關係。不過，壞消息是，再過幾年，這些雙眼皮現象就會消失了，而變成衰老的「疲勞眼皮」現象及「皺紋眼」。有的人眼皮太鬆了，更會產生遮住視線的現象。這個時候，便是非動手術不可了。改正之後的眼皮，就不必經過這樣複雜的演變程序了。

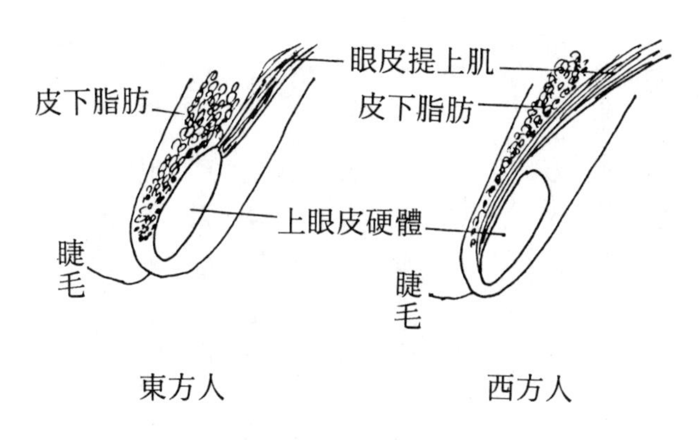

＜圖１＞上眼皮的構造

現在，讓我們來討論一下，為什麼東方人與西方人不同，而會有單眼皮的現象。讀者可以參考圖一的解說比較明白。

東方人，第一、眼皮下太多脂肪造成了肥腫現象，第二、也是最重要的原因，那就是眼皮提上肌肉只長在上眼皮硬體的上角部，而不像西方人是長在整個硬體之上。這樣一來，東方人每當張開眼睛的時候，只能夠把硬體拉起，而不能夠像西方人那樣從硬體底部，把整個硬體抬起來，使眼皮翻上。所以，東方人的眼睛不能張得太大而且又沒有雙眼皮的現象。

東方人的眼睛還有一些特別的現象；譬如說，眼角垂落，或眼尾窄狹等等。這些問題，作者以後再另外詳細說明。

到底要用什麽方法才能夠矯正單眼皮的現象呢？方法有很多種：

一、第一是**用物理方法**。把上眼皮和皮膚用超音波或按摩、藥物等等弄得鬆弛了，而造成「假雙眼皮現象」，或者用一小片透明的膠紙，貼在上眼皮的睫毛上沿，來造成雙眼皮的幻覺，也有人利用化粧，使用陰影來造成幻覺。

二、第二是**使用開刀方法來造成真正的雙眼皮**。開刀的方法分成兩種：

㈠第一種是日式縫線法（參照附圖）。

用細微的尼龍線，把上眼皮的皮下組織與眼皮硬體縫合。這樣子，每當你打開眼皮時，縫線的部分便會跟著眼皮硬體一起走，雙眼皮現象就這樣產生了。

㈡第二種是開刀法（參照附圖）。

利用開刀切口，把雙眼皮的造線直接縫到眼皮提上肌肉上，來造成真正的雙眼皮現象。

比較以上兩種方法，各有其利弊之處。日式縫線法，好處是簡單、快速，又不用真正開刀切口，所以造成疤痕的機會少。但是它比較不可靠，而且幾年之後，大部分的雙眼皮會消失了，而必須重新再做。

至於開刀法呢？可靠性較高，而且比較永久性，不過因為有開刀切口，眼皮上一定會有

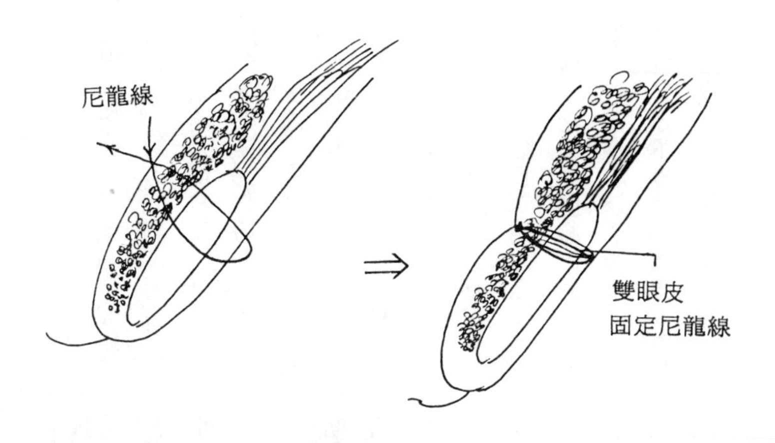

縫線式雙眼皮形成術

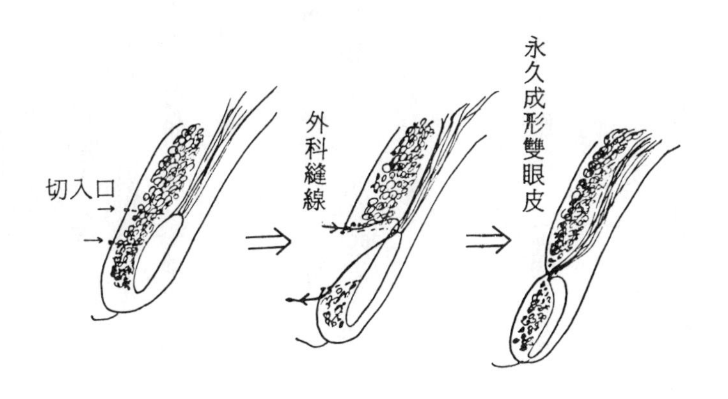

開刀式雙眼皮形成術

一條小線的疤痕，普通這個疤痕不會太明顯，也不會造成什麼大問題。

無論那一種方式的開刀方法，一旦受術者覺得不滿意，而要再重新更改時，第二次之後的再次改正開刀都會比第一次困難，而效果也會比較不可靠。而且醫師也需要很小心，因為很可能把眼皮提上肌切傷了，而造成其他不愉快的後果。

至於後遺症呢?大概有下列幾種：

第一是，**出血及鬱血**：第一個星期皮下鬱血的現象是會有的，出血的機會，則不太大了。我經常吩咐受術者，從術前兩個星期到術後兩星期避免服用阿斯匹靈（Aspirin）或同類藥物，譬如Emprine; Ecotrine; Advil 等，因為這些藥物容易致成出血現象。開刀之後使用局部冷敷也可以減輕出血的情形。

第二是，**腫脹**：開刀之後幾天，應該將頭部抬高三十至五十度，或睡在兩個或三個枕頭上，這樣才能減輕腫脹的程度，腫脹並不可算是後遺症，無論那一種開刀，都會有幾天腫脹的現象。只要小心遵照醫生的指示，就不會有什麼大麻煩的了。

第三是，**不滿意的後果**：常見的情形是受術者在術前一直關心醫師希望要有很深、很明顯的雙眼皮，這對醫師來講是不會太困難的。而術後就會發現不自然。憑着想像常常是不能得到理想的結果。作者建議，受術者在術前應該用眉筆自己劃一劃，告訴醫師你所希望有的雙眼皮是什麼樣的；是深的或淺的，是明顯的或自然型的，而且要真正的在臉上劃出來，看看是不是適合你的臉型，看看是不是你所喜歡的。如果不這樣做，常常術後才發現這並不是你所希望的後果。

第四是，**乾眼症**：眼皮手術後，百分之零點五的機會發生暫時性的乾眼症。這些情形，普通使用眼藥水就可以解決了。眼藥水是Artificial tears。

第五是，**一種很少發生的後遺症**：這就是視力消失。雖然很少會發生，不過太可怕了。這普通都是因為眼球後部因為出血太多，壓力過大，而沒有被早期發現的原故。因為這個關係，作者不希望在雙眼皮手術後，貼上太多的紗布，所以，如果術後有什麼大的出血現象，馬上可以查覺，而做適當的補救辦法，才不會發生這個最不希望有的後遺症。

第六是，**睫毛外翻症**：這也是一個極少會發生的後遺症。如果不幸發生了，一些特別的手術便可以糾正了。

希望讀者不要因為我坦誠的詳述以上可能發生的後遺症而膽怯，不想做雙眼皮手術了，這就不是作者寫本文的用意。老實講，雙眼皮手術是一種很普通的手術，而且又馬上可以見效。筆者希望借本文告訴讀者，在接受手術之前，先瞭解所有有關手術的詳情，以及明瞭可能發生的併發症，進而小心遵照醫師的指示行事。如果你本著這個觀念來看本文，你可能發現此篇文章對你是有幫忙的了。

第一節　眼袋、疲勞眼及皺紋眼

在這一節所要講的毛病，東西方人都一樣會有，不過眼袋形成在非白人種還是佔比較多數。

所謂眼袋，就是在下眼皮之下，脂肪積蓄太多了，而造成了袋狀的感覺。這種情形太厲害的時候，因為影響下眼皮血液循環的關係，會進一步造成水腫的現象。

常常有人會問這一個問題；當我年輕之時，我比現在胖，那個時候，理論上脂肪應該比現在多，為什麼那時沒有眼袋，而現在卻有眼袋呢？

理由是這樣的，每個人眼球附近都有很多脂肪，而且非白色人比白人較為多。這些脂肪因年齡的增長而逐漸下移（由於地心引力之故），越年老或皮膚越鬆弛的人，則往下移得越厲害，而產生了眼袋的現象。

所謂疲勞眼，是針對上眼皮而言。隨著年紀的增大及日光的損傷，上眼皮的皮膚變得太鬆弛了。眼皮不能張得太大，形成沒有精神的睡眠現象及疲勞的樣子。有時更厲害了，還會遮住眼珠，影響視力……等等。這種現象，白人比東方人厲害一些。

不過作者看過一些東方人老先生或老太太，厲害到唯有用手指撥開眼皮才能看到東西的地步。作者在童年，記得曾祖父，就是這個樣子。在那個時候，我還以為每個人老了，都必須這樣子才能看東西。那裡還知道醫生能夠矯正這個問題呢？

所謂皺紋眼，就是眼睛附近產生太多的皺紋了。上下眼皮都可能有皺紋，尤其眼尾部也會產生鴨爪紋。這當然也是年齡及陽光的關係。不過遺傳也有一些因素在內。

要怎麼樣做才能去除眼袋呢？唯一的方法是把脂肪去除掉。要拿去脂肪，有人試用小針穿入脂肪層部分，然後接上電極，利用電灼法去除脂肪。用這個方法雖然沒有手術切入口，不過效果不準確，作者覺得這並不是一個好方法。

使用開刀方法拿去眼袋，又可分為兩種。一種是從眼皮前面，睫毛下沿開口進入去清除眼袋；另一種方法是由眼內結膜，也就是眼皮的裡面進入的方法。

由眼內結膜進入，因為不必在眼皮外面留下開刀切入口，乍聽起來覺得很理想，可是作者並不建議這樣的做法。因為大部分的人，眼袋脂肪除盡之後，眼皮都會變得鬆弛了，必須順便去除一小片多餘鬆弛的下眼皮，然後仔細的縫合起來才會好看。而由眼內結膜進入的方法就沒有辦法在眼皮外拿去小片皮膚了，而且百分之九十以上的手術，醫師還必須在眼外角落上加上一針補助縫線來預防眼角垂落，這也只有由眼皮外切口進入的那一種開刀方法才能夠做得到了。

至於疲勞眼是一定要用開刀的方法，把一部分的上眼皮拿去，又要除去裡面多餘的脂肪才行。皺紋眼呢？則須上下眼皮一起開刀。只不過東方人的上眼皮做了任何一種開刀之後，不要忘記請醫師還要縫上雙眼皮。即使你本來已經有做雙眼皮了，開刀之後，很可能雙眼皮會消失了，或變得不明顯。所以切記作者的幾句忠告，才不會造成不必要的不愉快。

其次應該討論一下，這些開刀會不會發生後遺症的問題。可能發生的後遺症，應該與雙眼皮手術很相近，作者已在第一節詳述了。譬如出血、紅腫、疤痕、視力影響及不滿意的結果等等。讀者可以參照上節所述的情形，來防止這些後遺症的發生。

很多受術者發現，眼睛美容之後，會變得年輕了很多年。眼睛在整個臉上是很重要的，所謂「眼睛是靈魂之窗」大有其道理所在。

「疲勞眼」改正了之後，雙眼有神，精神百倍；不只女性，作者也為很多男性做眼部的開刀，美容的效果，同樣重要。有些人，本來想要拉臉皮手術，結果發現只有眼睛美容之後，就功效十足了，而可以把拉臉皮的手術再延後幾年呢。

第三節　隆鼻術

人種的不同，民族的相異，常常以鼻子的特徵來分別。白人的高鼻子，俄人的鷹勾鼻，黑人的大鼻子，以及東方人小而且矮矮的鼻子，都有他們特別的象徵。許多人缺少這個民族性的特徵，想儘辦法請醫生來為他們的形象造成這個特徵；還有很多人，卻認為這個代表民族的特徵不美觀，而花錢請美容醫師來改造成他們認為美觀的形象。東方人的鼻子就是這樣的一個例子。

大部分的東方人，覺得代表東方民族的小小矮矮的鼻子不雅觀，一定要修改成高高的尖尖的才算漂亮。這也就是為何人們講求隆鼻的原因了。

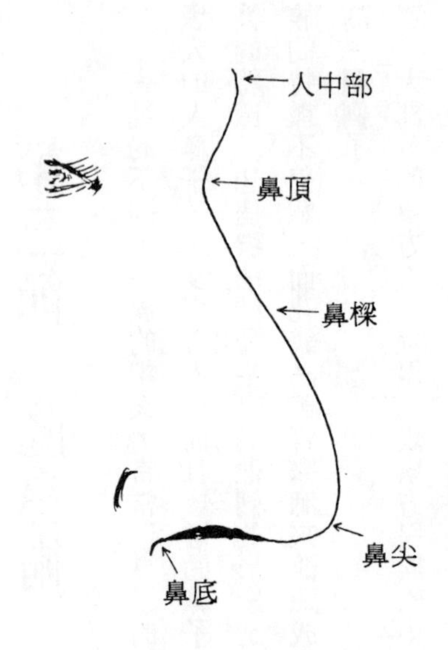

鼻子的部位名稱

鼻子所佔的面積，僅全部臉面積的百分之五，其名稱述於上圖。

許多人鼻頂部凹下來了希望塡平起來，鼻樑不直者要改變成直線及墊高起來；鼻尖部太矮的要昇高些；鼻子的角度不美觀者要改正它；鼻尖太肥的要把它改瘦一點；還有鼻底部太寬的，要把它改窄狹一些……等等；這些鼻部的美容手術，大部分是東方人比較專有的；而這又與西方人的鼻部美容手術有相當大的出入。東方人的鼻部手術，除了極少數例子（譬如鼻樑不平，鼻尖太大，鼻子角度不好及鼻底太大等）之外，大部分都可應用日本式隆鼻法，也就是裝入矽質模來隆鼻美容。

以下簡單的說明一些有關鼻子的美容觀點。如上所述，鼻子的平面面積，差不多佔有整個臉部面積的百分之五。鼻底部的寬度是整個臉部寬度（從兩邊耳朵邊線的直線距離）的五分之一；也就是等於一個眼睛的寬度（橫距離）。鼻子的長度（鼻頂至鼻尖的距離），應當等於整個臉部長度（由上額髮線到下巴的距離）的三分之一。另外，鼻子的挺高角度（鼻底部與上唇接觸的角度）最好是一百度；又額頭、唇沿及下巴三者應當在同一個線上，而鼻樑與這條線所造成的角度應該是三十五度。

以上這些標準，是藝術家們，利用他們的眼光，經過分析所得出來的數字。如果你的數目近於這個標準，你就是比較美；差這個標準越遠，就越不美麗了。

就像上面所述，日式矽質模裝入隆鼻法是東方人隆鼻的一大特色，鼻子太小、太矮、下凹等等皆可用這種簡單的隆鼻法來矯正。美國醫師對這種方法專門的人很少。作者起初在美國學鼻部美容時，根本就學不到這種方法，一直到在日本學習時，才發現在日本幾乎完全是用矽質模裝入來美容鼻子。施術之前，醫師需要小心量度鼻部來決定怎麼大小的矽質模。開刀時，是由一邊鼻孔切口，把矽質模裝入及固定起來。術中醫師時常需要幾次的衡量與修改模型，然後縫上傷口，把矽模固定在鼻子裡面。

筆者比較喜歡使用的矽質模是「丁字型」的模體。

有些人鼻樑上凸或下凹，這種情形，就需要先把不平的鼻樑刨平，然後通常還須要蓋上矽質模體才行。

如果你的問題是鼻底部太寬了，或鼻孔畸型症，醫師可以在鼻底部做局部的美容整型術，就可以改正這個缺點了。

有的人是呼吸道阻塞症，鼻中隔因為受傷或過敏等原因，發生彎曲、變形或腫脹的現象而造成吸氣困難。這些人則須要經過鼻中隔的矯正手術才行。

至於鼻部美容有什麼後遺症的問題，我覺得也有討論一下的必要。就像其他的手術一樣，鼻部手術也有出血、皮下鬱血及發炎等等的可能後遺症。避免吃阿斯匹靈（Aspirin），遵照醫師處方服用抗生素等等，普通很容易可以避免這些後遺症的發生。普通鼻部手術之後的第一天晚上，鼻孔會有一些流血現象的。醫師大都會建議病人勤換紗布就可以了。

有一點相當重要的事，就是術後一個星期之內，不要擤鼻涕。因為擤鼻涕會增加流血的機會。開刀之後的十天左右，鼻部附近通常會有些微皮下鬱血現象，或者皮膚有一點點變黃，這都是很正常的事。

日式隆鼻法，也就是矽質模裝入法，有一種很特殊的後遺症，那就是「矽質模外移」。

這個後遺症可能會發生在百分之五的受術者身上。

「矽質」這個東西：本來就不是人體的東西，是一種體外異物。人體細胞具有一種排斥異體的特性。常常聽到接受腎臟或心臟移植的人會產生排斥現象，人體對這個裝入的矽質，有時也會產生排斥現象。如果排斥現象發生了，矽質模就會從鼻孔或者更壞的，從鼻尖部找一個出口排斥出來。這個現象除了與個人體質有關，有時與發炎、出血或者裝入矽質的大小，形狀也有關。有的時候，矽質模會發生不隱固及浮遊現象。為了避免排斥及浮遊現象的發生，醫生們可以注意的一些事情如下：

第一，使用等殊的模型（譬如筆者喜愛的丁型模）來增加其固定性；第二，避免使用畸型的矽模；第三，使用軟體矽模，避免應用太硬的矽；第四，避免發炎現象；第五，如果排斥現象一發現，馬上把矽模拿出，才可避免矽模自己找地方，而從我們不希望的地方（譬如鼻尖或鼻樑的部分）排斥出來，而造成不雅現象。

有時，排斥現象，就是醫師十分小心，也還是可能會發生，這就完全與個人體質有關了。如果你不幸有這樣體質的話，你就不能使用日式矽質模裝入法，你一定要考慮用美式隆鼻才可以。美式隆鼻的手術比較複雜一點，費用多了一點，恢復期間也比較長一些而已。

隆鼻美容，在東方人的社會裡，是個相當流行的項目，僅次於雙眼皮美容術。手術本身又不怎麼困難，效果也很好。希望本文能夠為這些對鼻部美容有疑難的讀者們，解答他們所期望的答案。

第四節　隆乳術

西方的文明，自從自由主義興起之後，標榜「乳房美」也就應運而生了。觀看古羅馬時期以後的雕像及繪畫，那一個女性不以展示出豐滿、多姿的乳房為美呢。但是在中國的文化裡，一直到滿淸時代，我們還一直在講求著女性束胸及束腳的美德。所以隆乳的美容術，東方比西方落後兩千年。但是，以日本帶頭的東方時尚美，正在急起直追，當今，隆乳美容術在日本是排行第三名的美容手術。所以，我覺得「隆乳術」是有討論一下的必要。

乳房的形狀及大小，因年齡及發育時期的不同而改變。在整個人生的過程當中，乳房的外觀最美麗、最誘人的時期是青年期的乳房，其次是少婦期。而大小呢，則以少婦時期的乳房為最大，當然育嬰期乳房暫時性的膨大又另當別論了。

女性因為生孩子的時候，乳房急速膨脹；育嬰期過後，乳房便會萎縮及下垂。所以理論上有兩種人會考慮隆乳手術。一種是乳房太小，另一種則是乳房下垂。另外還有一些常會看到的乳房美容問題，譬如；乳頭下陷症，乳暈過大症，乳房不等大小或是乳房過大症等等，以後作者會再另闢一個地方詳述這些手術。

隆乳手術，從幾百年前，就已經在西方的醫學歷史上出現了。起初，有人利用注射方法，把鹽水、脂肪或矽質打入乳部；最近演進到裝入盛有鹽水或矽膠的矽質囊袋；近五年，更有醫師利用脂肪移植的方法來做隆乳手術。雖然隆乳的方法很多，但是還是以裝入矽膠袋的效果為最好。所以目前最流行的隆乳法，也就是，鹽水或矽膠袋裝入的隆乳法了。

醫師必須首先檢查乳房，然後與受術者討論那一種形狀，怎麼樣大小，是你所希望的，之後才能考慮隆乳手術。

醫師還會問你，希望把這個矽膠袋裝在「前胸肌」的前方還是後方。這也是一個很重要的問題。矽膠袋裝在肌肉的後方好處是義乳藏在肌肉、脂肪及皮膚的下方，受到了多重的保護，不容易改變位置，變硬的機會也稍微減少一點點。不過壞處也不少，比較困難裝入，費時較多，有一天如果需要再手術時，困難就更多了；而且術後每當運動時，肌肉壓到義乳，而刺激骨膜及神經，造成了一動就胸痛的感覺。一半以上的受術者，希望把義乳從肌肉下拿出來是因為雙手一抬高，肌肉有一個橫切線就跟著往上跑，不怎麼雅觀的原故。因此，作者是比較希望把義乳裝在肌肉前方的那一種方法。

其次的問題就是開刀切口到底要放在那一個地方。普通可以由三個不同的地方切口進入裝上義乳。

第一個部位是乳暈部，在乳暈部做一個半月形的切口，由此處進入，而裝上矽膠袋。這個地方，將來傷口復原了不大明顯，不會難看，很有美容的價值。

第二個部位是開在乳房下方。乳房下方有了開刀口，將來隆乳了，乳房增大，可以把開刀口遮住了，也是不怎麼會看得見的。

第三種部位是由腋窩的地方，做一個開刀的切入口進入。由這個部位進入是很別緻的，很受一般歡迎。很多受術者告訴我說從來沒想到隆乳可以不必在乳房上面有任何開刀的痕跡，而且其實傷口在腋窩上，疤痕也不會太明顯的。只是有些人腋窩部時常發炎，這些人作者只好建議不用這個開刀部位了。

德國一位醫師，最近發明了一種特別的方法，使用針筒把矽膠袋打入乳房底下做隆乳手術，而號稱無傷痕的隆乳，其實這個方法：也是要在兩邊腋下或肚臍的地方做一條二點五公分的傷口才能夠放進針筒來達成手術的目的。

東方人的皮膚體質差，長疤痕的機會不少，筆者建議，如果你沒有腋窩下常常發炎的情形時，由腋窩下進入的隆乳方法，對東方人是比較適合的。

普通隆乳手術，差不多需要一個半小時的時間。開刀之後，醫師會要求你在最初的幾個月裡面，必須早晚使用乳罩，而且要做特別的乳房按摩，才能使乳房在術後繼續保持柔軟與美麗。

依作者的經驗，受術者對隆乳的疑問最多。作者想要把時常被問到的一些有關隆乳的問題，逐一解釋于後。

※問題一：隆乳手術後，會不會增加得乳癌的機會？

綜合全世界的經驗報導，矽膠袋隆乳至今二十年的歷史，還沒有導致乳癌的病例。每一個美國婦女，在他們的一生中，有九分之一的機會可能發生乳癌，家裡面親人有乳癌，以及年齡超過三十五歲，這個或然率會更增高一些。世界乳癌學會及全美外科學會都有一個表格，建議每位女性應該每月一次，自己檢查乳房，每年一次請醫師做乳房檢查。

三十五歲至四十歲應該有第一次的乳房攝影術，以後至少每兩年一次接受此項檢查。五十歲以上的婦女，每年要有一次乳房照相。隆乳後的婦女，當然也應該遵守這個原則。

作者在此還要做一個建議，就是每次做乳房照相之前，應該告訴X—光醫師，你有過隆乳袋隆乳手術。因為如果你能在X—光檢查之前告訴醫師，醫師將會很小心的把隆乳袋推開，以及從一些其他角度來照X—光，替你做最詳細的檢查。如果您沒有事前告訴醫師，當然X—光醫師還是可以知道你有過隆乳手術的，不過醫師很可能會事前不知情，而忽視了一些被隆乳袋所遮擋住的部位了。

※問題二：乳癌手術之後的胸部是不是還可以做隆乳手術？而在什麼時候做手術最好？

經過乳癌開刀之後，還是一樣可以做隆乳美容的。有的人，在乳房割除之後，馬上裝入矽膠袋；有的人則至少等了三至六個月之後才做隆乳術。

作者對此的意見是等一段時候之後比較好。因為，乳房割除之後，有時還須要做放射治療或藥物治療或者局部處理。如果此時已經有矽膠袋在裡面了就比較不便。不過從心理學上的觀點來講，馬上裝入矽膠袋隆乳，對病人的心理創痛比較少、比較舒服一點，只要病人瞭解，以後可能還要更改隆乳袋的位置或者是更換隆乳袋就是。

※問題三：隆乳手術之後，還能不能夠生孩子或育嬰？

是的，隆乳之後還是可以照常生兒育女的。一切的功能還是可以照常。不過多次懷孕及育嬰之後，乳房可能會出現多條皺紋及下垂現象。所以，在你決定不要再有孩子之後，可能還須要再做最後一次的整理及美容手術。

※問題四：隆乳之後，乳房會不會失去感覺？會不會影響性刺激感？

普通開刀之後，開刀口附近的皮膚都會暫時減少感覺差不多三個月之久。不過這些感覺，在幾個月以內，都會再回復過來。統計上，百分之十的女性，乳房的刺激是性生活當中的主角，這些女士們，在考慮接受隆乳手術之時，要特別注意開刀切入口的位置，如果你選用由腋窩進入的方法，就比較不會有問題了。

※問題五：義乳到底可以裝得多大？怎麼樣才可知道到底要裝多大的義乳呢？

只要胸部表皮及皮下脂肪足夠的話，義乳要多大就可以裝多大。不過，作者認為裝得太大了就不自然，反而不好看。受術者應該先上街選購乳罩。在你出門之前，先準備一些尼龍絲襪在身邊，當你選試乳罩時，用這些東西來塞墊幫你確定你真正需要的乳罩大小。

普通我建議受術者可以考慮增加一號至兩號，超過兩個號碼，就會覺得太大了，譬如說，A號的人，可以增大到B或BB，最多到C型杯就可以了。

乳罩買回來之後，在家裡先試穿上，然後墊上裝了水的塑膠袋來合身。如果試了之後，你覺得最合身時，塑膠袋裡面的水是三百CC這就是你需要的義乳的體積。當然，醫師還有其他的方法來幫助你決定這個數字的。作者的經驗，普通東方人差不多需要兩百五十CC至三百五十CC的體積。

※問題六：為什麼有的人義乳會變硬化呢？

其實義乳硬化的現象，也是一種異體的排斥現象。專家們還正在繼續研究這個問題。根據一九八七年的統計，每五個接受隆乳術者有一個可能會發生不同程度的硬化症。而這種硬化症可以因為受術者的勤於按摩以及使用一種比較特別的粗糙表面隆乳袋來減少硬化的發生率。作者將陳述一些注意事項，依照個人的經驗，如果遵照這些項目，硬化的發生率可能減輕到二十分之一。這些注意事項如下：

第一：使用粗糙表面的隆乳袋，雖然這種義乳比較昂貴，不過是值得的。

第二：避免出血及發炎。

第三：遵照醫師指示，於術後初期，使用壓力繃帶及乳罩。

第四：勤於按摩。每天至少做六次。作者指示病人每次上廁所時就順便做一次按摩。

※問題七：義乳會不會很容易破損？

每個隆乳袋出廠之前，都經過壓力試驗。矽膠袋防壓能力都是很強的。不過還是無法抵制刀子或釘子的穿刺。如果因為車禍或意外義乳破損了，醫師可以簡單的更改新的義乳。

※問題八：隆乳之後，如果乳房長瘤而須要接受治療時，會不會受影響？

答案是不受任何影響。外科醫師還是可以一樣做他們應該做的事情。不過，千萬不要忘記告訴醫師你有過隆乳手術。

隆乳手術對東方人來說，是一個比較新的手術。不過西方人及日本人已經流行一、二十年了。在這個時期，以他們二十多年的經驗做基礎，我們大可放心來做這種手術了。作者相信，隆乳手術一定會在我們的社會裡開始流行的。

第五節　抽脂手術及曲線再造術

講究曲線是最近兩個世紀以來歐美各國才風行的流行趨向。古代歐洲講究的都是「胴體美」。每個藝術雕像都可以看到圓圓的臀部，肥肥的小腹；這與中國古代所謂的「豐滿」啦，「胖就是福」啦，正是異曲同工，大同小異了。

歐洲在兩個世紀以前便開始改變觀念了。人們講求線條、注重曲線，減肥、節食者屢見不鮮，健身運動、健身體操處處可見，健美先生、世界小姐選舉等等，曲線美被列為很重要的前提。

但是以節食、減肥所能除去的脂肪，改變的曲線十分有限。有些醫生，使用開刀方法做去脂拉皮的手術，所冒的危險大，效果不定，又須開了一個很大的傷口，受術者多半聞言而懼，不敢嚐試。

自從一九八二年，義大利大師DR. Fisher及法國醫師 DR. Fournier 開始創導所謂「抽脂術美容」。這種手術在一九八四年中傳入美國之後，用抽脂美容，改造曲線的風尚，頓時變成了一發不可收拾的時髦狂潮了。

美國抽脂的手術，每年增加數倍。從一九八七年便追過了以往領先的拉臉美容術及隆乳術，成為全美國最熱潮的美容時尚。而抽脂手術之祖Fournier博士，更是再接再厲的研究，高潮還繼續出現，隨著抽脂，更再次推出脂肪移植術及最新的纖維體素（Collagen）移植術以及脂肪冷藏方法、儲脂銀行等等。抽脂的時尚，還正在方興未艾的階段。作者認為有向讀者介紹的必要。

脂肪與肥胖兩者，本來就像是一對雙生兄弟那樣，相形並生。當你吃多了一點，少運動了一些，體重就增加，肚子、臀部就增大了。不過，如果當你決心減肥時，費了九牛二虎之力節食、運動，卻總覺得無能為力，無法減胖。有一些特別的地方，譬如腹部、大腿等部分，總是不能如願減肥。有些婦女，生了小孩之後，肚子就是消不下去，既使是你節食得幾乎發狂了，還是無法把這些地方的脂肪減少。其實，這些地方的脂肪存留是與遺傳有一些關係的。節食與運動僅有事倍功半之效而已。

以往許多醫學專家想要減除腹部的脂肪，僅能使用危險性比較大的腹部拉皮法來拿去脂肪與皮膚。其實，一般婦女，僅需要把脂肪去除，腹部、臀部或大腿部的皮膚，便會回復到以往緊繃繃的美態以及達到你所希望的美妙曲線。抽脂手術發現之後，要去除這些煩人的脂肪就沒有什麼問題了。

現在醫師們可以在身體上找一個隱藏的地方，開一個小小的切口，由這個小切口放進一根零點六公分大的小管子，再利用真空吸力的原理，把脂肪用抽脂機器抽出來，達到我們所冀求的去脂目的。

此種抽脂手術，比起以往的切皮及拉皮的美容術，其效果好、比較簡單，後遺症不及以前手術的十分之一，又快又有效。受術者僅須簡短的時間便可復原，術後休息的時間又不必太長。兩個星期以後，開始運動，幾個月之後，體態及曲線便可漸趨你的理想，與過去的舊方法相比，真是不可同日而語。

抽脂術在美國已經遠遠超過其他的美容外科手術，為人們所嚮往。作者相信東方人在近

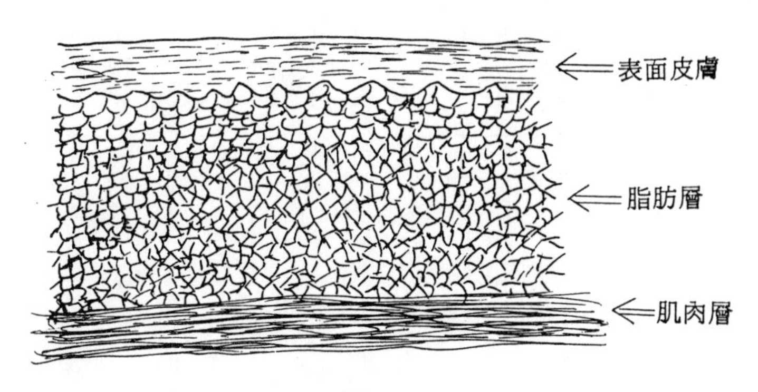

皮膚的構造

幾年之內也是會有這些新趨向的。

人類皮膚的構造，可以用以下的簡圖來說明。

根據科學研究的報告，一個人年齡超過二十歲之後，脂肪細胞的數目就不再增加了。細胞本身還可能會新陳代謝，新的細胞可以取代年齡超過一百二十天的舊細胞，不過不會像小孩子的細胞那樣繼續再增加數目了。當一個人吃得多，運動得少的時候，他的脂肪細胞就會長肥。脂肪細胞一長肥，人的身體就會肥胖，而一旦長肥了，就很難消瘦掉。

當我們節食的時候，脂肪細胞變瘦變小的速度很慢，尤其腹部、大腿及下巴這些地方就更慢，有時就根本不再消瘦掉。抽脂手術是在表皮層開一個切口，從那裡放進一個小管子到脂肪層的部分，把脂肪細胞抽去百分之八十。抽去了脂肪之後，脂肪層便會空出了一個空間，然後穿上緊身褲，加上壓力以及做肌肉運動，便能夠安全的把過多的脂肪除去，而且使皮膚恢復青春的魅力。

對於抽脂術，受術者最常問到的問題是，這些抽除的脂肪，會不會再長出來？這個答案是「不會的」。以上也曾講到，我們的脂肪細胞是不會再生長出來的，細胞只有長胖的機會，而沒有長多的能力。抽脂之後，普通馬上就可以看到百分之五十的效果；以後隨著紅腫的消失，三至六個月之後才能夠看到百分之百的效果。脂肪細胞的數目已經減少了，就是受術者以後再長胖了，被抽脂的部位，也不會再像以前那樣臃腫的程度了。

為了減少危險以及避免受術者健康情形受不了的程度，作者奉勸接受手術的每一個人，一次手術所抽出的脂肪不要超過兩千CC。有些人一次被抽出太多的脂肪，結果會休克、貧血、血壓過低……等等現象。

作者又建議一次的抽脂不要超過兩個部位，才不會發生上述所載的以及發炎等不愉快的情況。另外，受術者必須從術前開始，就勤於洗澡，服用抗生素；身體上任何一個地方有發炎，就不應該接受手術，一直等到發炎通通好了才可以考慮抽脂，否則發生發炎現象了，就相當麻煩。另外，術前術後應該避免Aspirin，及同類藥物，以防出血。

受術者還有一個通病，就是操之過急。抽脂之後的一段時期，僅能看到百分之五十的效果。以後有恒心的運動、按摩以及數個月的等待，才能達到完美的效果。

最近兩年，作者也加入了世界性的研究行列，把抽出的脂肪保存，再製造及再使用等等。到目前為止，我們能夠保存脂肪達一年之久，用來塡充臉部及手部的皺紋，有人用來隆乳，最近正在研究用脂肪來製造Collagen（纖維體素）。

綜觀抽脂美容手術，前途是相當可觀的。歐美各國，雖然已經風行數年，至今還是方興未艾。雖然此種手術對東方人還算生疏，不過依作者本身的經驗，此項美容外科幾乎有利無弊，而且以多年來歐美的經驗做為我們的前車之鑑，東方人大可放心而行。今後數年，抽脂美容及脂肪移植將會在東方人的社會裡風行。

第六節　蜘蛛網狀血管的問題

在讀書的時候，常聽同學說，女教師沒有一位喜歡穿裙子站在講台上教書，因為「他們不要太暴露」。其實這只是答對了一半的理由。另一半的理由是，他們不希望人家看到了佈

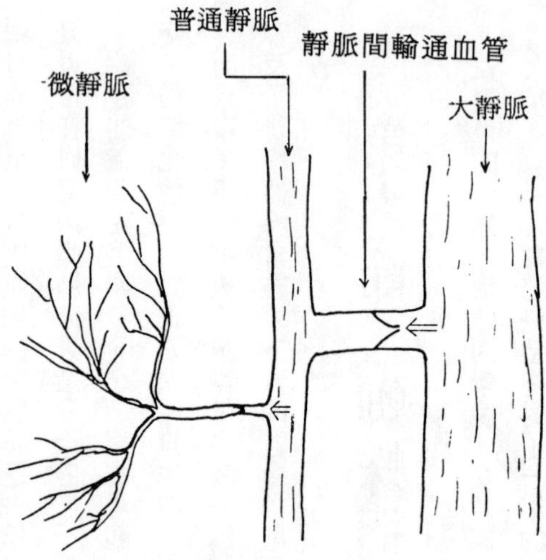

普通靜脈
靜脈間輸通血管
大靜脈
微靜脈

靜脈間的聯通圖

滿青青黑黑的蜘蛛網狀血管的大腿。

一些職業婦女，經過多年的長期站立，家庭主婦生過了小孩子，或多年的勞累，腿部便開始青筋暴露了。不但難看，而且有一天，兩腿會開始腫脹、酸痛，有的人更進而擁有一雙「天氣預報腿」，風雨欲來，就兩腿酸痛，苦難不堪。有的人更進一步，會產生靜脈炎以及血塊栓塞症等等危及生命的問題。

這個問題的成因是這樣的。在我們的身體上，血管分為動脈、靜脈及微血管三部分；與現在我們要談的這個問題有關的是「靜脈」。所以，我們以下僅須討論「靜脈」就可以了。

靜脈是把血液從身體末梢輸到心臟的血管。如上圖所述，靜脈可以由其大小的體積分成三種：一種是大靜脈，用來把血液直接輸入到心臟；一種是普通靜脈，這是普通我們用來打點滴的那種靜脈；第三種就是微靜脈，這種微靜脈很多，散佈在全身各部末梢部位。

在這三種大小靜脈之間，都有血管相通，這些血管叫做「靜脈間輸通血管」。在每一條輸通血管裡面，都分別有一扇單向的門，這個門只能往大的靜脈方向開，而不能往小血管的方向反開。利用這扇門的活塞原理，血液只能往大的靜脈方向流，而不會往回倒流。有的人，因為長期久站、生育子女，或是血管壁發炎……等等原因，把這扇門弄壞了。門一旦壞了，活塞的作用就會消失。

活塞功能一消失，血液就會往回跑。血液一往回跑，問題就出現了。這個問題出現在「普通靜脈」，就叫做「靜脈瘤」；出現在「微靜脈」的時候，就會發生不雅觀的「蜘蛛網狀血管」了。

這種問題，其實時常可以看到。普通每十個人當中，就有六個人以上會看到或多或少的蜘蛛網狀血管。尤其女人比男人多，坐辦公桌以及須要長期久站的人，比勞工者多。這些問題。開始時是發生在大腿的下半部，以後慢慢的會漫延到整個大腿及小腿。

靜脈瘤如果厲害一點的，應該使用外科手術方法，切入結紮及除去。不過蜘蛛網狀血管，則可以使用簡單的方法來處理了。醫師們用來去除蜘蛛網狀血管的方法分為三種：

第一種：是使用電灼法。

第二種：是利用雷射。

第三種：是使用小針注射來凝固微靜脈。

電灼法及雷射法，因為必須把電灼或雷射管對正每一條血管，一一的治療，所費的時間較多，留下的疤痕也比較多。使用小針注射的方法，因為常常一次的打針，可以治療整個部位的血管，留下的針孔數目少，針口又小，所以作者本身比較偏愛這種以小針注射來去除蜘蛛網狀血管的方法，而且其效果也是十分顯著。

使用注射方法來去除蜘蛛網狀血管的原理是這樣的。作者喜歡用「高濃度鹽水」來做為注射用的媒體。使用三十三號的針頭（這是一種比頭髮還小的一種針頭），再利用放大鏡的幫忙，將高濃度的鹽水，打入蜘蛛網狀血管內。藥物一進入，血管壁就起反應，先引起腫脹，然後發生栓塞。這些蜘蛛網狀血管栓塞之後，就再不會有血液流進去，沒有血液在血管裡面，就不會有顏色，沒有顏色，就看不見蜘蛛網狀血管，這也就是說，這些血管就自然而然消失掉了。

原理是很簡單，效果也是十分不錯。只要遵照醫師的指示，以後小心使用鬆緊褲襪，再發的機會很少，所以受術者都覺得十分滿意。

至於靜脈瘤，雖然也可以用注射的方法，不過因為效果不顯著，而且又比較疼痛，作者認為靜脈瘤還是用開刀治療的方法較好。

蜘蛛網狀血管以及靜脈瘤的形成原因是因為長久血液積瘀的關係。每一個人，只要時常靜坐或靜站著，或是因為肚子增大了、懷孕了，或是肥胖了，骨盤部位的壓力增加，就應該時常使用鬆緊褲襪，否則就容易產生靜脈瘤或者蜘蛛網狀血管；就是已經接受治療之後，如果不注意，也還是會復發的。因為穿上緊身褲襪之後，兩腿上會不斷的接受到鬆緊褲的按摩，於是可以減少血液積瘀的現象。

利用打針的方法來去除蜘蛛網狀血管，其後遺症是很少的。最常見的是在打針的針口上，留下了暫時性的紅點子，這個紅點子就像被蚊蟲咬過那樣大小，一、兩個星期之後就會自然消失了。其次就是打針時會痛，這種疼痛普通都可以受得了的，尤其醫師使用越小的針頭，疼痛的程度就越小。

很多人，因為兩腿上長出蜘蛛網狀血管而忌諱穿著暴露腿部的摩登衣著，譬如裙子或短褲等等。甚至有人，因而不敢上公共場所，譬如海灘了或是游泳池做任何活動。現在，能夠利用不太複雜而且又安全的方法就可以解決這些煩人的問題，真是受害者的一個好消息。

第七節　腋下汗腺去除術

——針對狐臭症及腋下汗腺疾病的治療方法

「狐臭症」是一種煩人的毛病，可能我們日常接觸的朋友當中，就有一、兩個人有這種問題。有這個問題的人，往往恥於向人求助。因為不只是不好意思，而且以往確實是沒有什麼好辦法可行。大部分的人都只能夠以濃味的香水來掩蓋。

罹患此疾的人，不但社交生活上受到了極大的限制，就是他們在職業方面，也必須十分小心的選擇，譬如，他們就很少選擇像理髮、侍應生或是大衆服務性的職業。選擇配偶時，也時常因之而遭到挑剔呢。

患有狐臭的人，是因為他們身體上的汗腺，具有特別的濃味。而整個身體上的汗腺，又以腋下的汗腺最為顯著。腋下的汗腺也佔了整個身體汗腺的最大部分。所以，如果能夠把腋下的汗腺除去，狐臭症便可以改善了很多。

還有一種常見的毛病，那就是「腋下汗腺過剩症」。時常看見有些人，手一抬高，整個腋下就看見黃黃的或濕濕的一大片，十分不雅。這些人，尤其忌穿白色或淺色的襯衫，因為每件新襯衫，穿不了一、兩天，就把白色染成其他特殊的顏色了。

更嚴重的一個問題是，時常在腋下或者是汗腺多的地方發炎。這是因為汗腺太發達，分泌太多，衛生問題很難周全，而且皮脂管開口時常被阻塞起來，於是頻頻發炎。

作者最近看了一位仁兄，芳年才二十二歲，已經不只十次的在腋下發炎及生長膿瘡。單只我本人就為他做過五次的切開術及引膿術。他每年至少有八個月在服用強性抗生素，而且還持續不斷的煎熬在兩臂腫脹、長膿疱、惡臭以及疼痛的苦惱之中。像這種煩人的問題，解決的方法也是去除腋下汗腺的手術才能夠有幫忙。

以往去除腋下汗腺是一個很大的手術。在腋下切了一個大傷口，把整個腋下的大塊皮膚包括汗腺在內通通拿掉，然後，為了能夠縫合這個大傷口，病人的兩手必須綁緊下垂，不能抬高，行動又受限制，每個患者必須在手術之後渡過這樣一段苦難的二、三個星期。所以真是一個十分痛苦的開刀。

一直到十年前，日本的稻葉醫學博士，才發明了一種專門用來消除腋下腺的機器。使用這種器械，醫師只須經由兩個三公分大的傷口進入，用這個類似鉋子的器械，把皮下的汗腺由皮內刨除。術後十天的時間，患者必須要在兩邊腋下墊上兩套圓圓的紗布墊子，術後效果良好，稻葉博士也因此成為舉世聞名的狐臭救星了。

一九八八年芝加哥市一位菲籍醫師，利用一支改良之後的抽脂導管，只須兩個一公分大小的傷口，就可以達到與稻葉博士相似的效果了。這實在是一個很值得令人興奮的消息。作者幾次與稻葉博士在一起時，曾經把這個新方法介紹給他。雖然稻葉是我一位十分敬愛的老師，不過我本人覺得這個新的方法，比較簡單而且有效，作者比較喜歡這個用抽脂機器來做的方法。至於稻葉博士呢，他還是堅稱他的方法是最好，最有效的方法。

抽除汗腺的方法與抽除脂肪方法很相近，醫師只須在腋窩的兩邊各開一個一公分大小的切口，由這一個切口插進一根特別的金屬導管，在皮下做真空抽汗腺的手術。術後，腋下還是須要墊上一大塊紗布，加壓以防積血及發炎，恢復時間是兩個星期。

就如上面所述，這種清除汗腺的手術，適用於「狐臭症」，「腋下汗腺過剩症」，以及時常發生「腋下汗腺炎」的患者。當然身體上的其他部位，如有汗腺過多症，也可以用同樣的方法來治理。

手術後最可能發生的後遺症是腋下表皮壞死及脫落，這個可能率是百分之二十。這是因為皮下血管組織被刨除太乾淨了而發生的。不過比起不開刀時所受的痛苦，譬如發炎、疼痛以及混身體臭等等煩惱；我覺得冒這微小的險是值得的。而且只要小心仔細的醫師，便可以把後遺症減少到最低的程度。其於這些理由，我認為腋下汗腺清除術是一種好的手術，是罹患這些痼疾者的一大福音。

第八節　胎痣的問題

時常看見有人在臉上或四肢有一大片藍色或葡萄顏色的胎痣。這種胎痣，普通在小孩子時候就有，有些幸運的人，幾年之後就漸漸消褪了，不過大部分的人，隨著年齡的長大，逐漸增大面積，顏色有時也會改變。胎痣不但影響美觀，更時常造成兒童心理的畸型發展，以及成年後社交場合的障礙。

胎痣其實就是一種血管系統在末梢部位的畸型發展。嬰兒在胚胎時期，血管的胚芽上多出了一個小腫瘤，這個腫瘤，以後便在成形的嬰兒身體上造成了一片胎痣。至於胎痣的大小或形狀，就依據這個胚芽上的腫瘤大小及發生地位而有差異。至於胎痣的顏色呢？又依照血管的種類，著生在表皮層的或深或淺的部分而異。

多年來醫學上對於胎痣，真是束手無策。醫師們只好利用外科方法，把胎痣清除然後再從身體的其他部位拿皮膚來做皮膚移植術。

這對於小的胎痣還不大要緊，如果大一點的面積，就十分不雅觀了。而且有些小孩子在童年時期接受皮膚移植，這塊經過移植長成的皮膚，會留下了不同顏色及不同形象的疤痕，這個疤痕會隨著年齡的增大而變得更難看的形狀。其他也有醫師使用電灼法、化學去皮法等等，這還是異曲同工而已，同樣會留下不雅觀的疤痕。

最近醫師開始使用雷射來治療這種以往束手無策的毛病，發現到這種治療方法比以前所有的方法好，而且治療之後的部位不會留下太多的疤痕。到目前為止，有三種雷射可以用來治療胎痣，這就是Ruby, Argon 以及 CO2 Laser。雷射的治療，必須分段，分為幾個月，分層的把胎痣改進。

比起以往的方法，雷射的效果是有極顯著的改進了。不過，百分之百的去除，而不留下半點痕跡的機會，還是不可能。普通局部的皮膚，還會留下一點點可以看得出來的影像。不過，使用簡單的化裝技巧，是能夠掩蓋得過這個問題的。

可能再過幾年，新的儀器，或新的方法，會發明出來，能夠把這個人們討厭的毛病，完完全全的治療成功，到時，筆者會馬上把這個好消息告訴大家的。

第九節　雀斑以及黑斑的問題

雀斑及黑斑，主要是因為陽光的殘害造成的。經年累月的陽光曝晒，加上皮膚的缺乏保養，皮下的色素層會產生局部的反應，這個反應的成果，就是皮膚上不等大小的黑色斑點—「黑斑」了。有時皮下層的皮膚細胞，也跟著變化而產生突出的瘤腫現象，這也就是所謂的「雀斑」了。

談到雀斑與黑斑的問題，最重要的莫過於如何注重皮膚的保護了。讀者大概已經知道，黑斑的發生，是因為陽光的長期照射所引起的。尤其，黑斑大部分發生在陽光照射最多的地方，由這個事實，也不難看出，斑點的發生與紫外線之間的密切關係了。要預防這個問題的發生，以及防止這個問題的愈發嚴重，保護皮膚應該是最重要的一個課題了。

作者建議，每一個人每天應該在陽光照射得到的地方，擦上一層防晒油（sunscreen）。SPF三〇以上的防晒油，才能有效的替我們阻止陽光對皮膚的殘害。而且還要不時的給予皮膚適當的養分及維他命，防止皮膚遭受到過冰或過熱，過乾或過濕，強風或強勁摩擦力的摧殘。這樣做，才能防止皮膚老化，以及斑紋的發生。

至於治療雀斑及黑斑的方法，目前醫師們使用的，不外是外用漂白去皮藥膏及脫皮兩種方法。脫皮又可分為機械脫皮、乾冰脫皮、化學脫皮及雷射脫皮等方法。

東方人談到脫皮的方法，應該十分小心，因為東方人本身的特殊體質，往往在脫皮之後，演變成不雅的疤痕。在考慮脫皮之前，不妨先試一試一小塊的皮膚，如果沒有什麼不良效果時才做，否則弄巧成拙，常會發生後悔不及的現象。考慮脫皮的朋友，希望能夠接受我的忠告，三思而後小心而行才好。

如果你是幸運的一位，雀斑及黑斑經過治療之後已經改進或是痊愈了，那麼你應該繼續使用防晒油及勤於皮膚保養，否則你將會發現全功盡棄，斑紋再發而後悔不及呢。

第十節　青春痘的問題

「青春痘」的發生時期，普通是在青春時期，不過，一些中年人也常常可以看見這個問題的存在。

問題的開始，是因為皮下脂肪的分泌，由於荷爾蒙或其他的外在因素，譬如吃太多的油膩物、油炸品、乳酪、花生、Cocoa……等等，發生油質分泌過多的現象。然後加上皮脂腺孔的阻塞。皮脂腺孔的出口所以會阻塞是因為清洗不徹底，或化粧品、外物等等把腺孔的出口堵住了。這樣一來，油膩的髒物被阻塞起來，就進而產生發炎現象了。皮下層的組織發炎之後，常常會發生局部壞死現象。就因為皮下組織的局部壞死，所以「青春痘」治療之後，皮膚常常看見許多凹下去的「窟窿」。

「青春痘」最常見發生在臉上，有的人軀幹上及手臂上也會產生，真是十分煩人。

市面上曾經有一種很有效的內服藥品，叫做「Acutane」，其有效的程度，高到百分之四十以上。不過，這種藥有一個相當嚴重的副作用，那就是它會直接對生殖細胞的基因發生影響，改變遺傳因素，產生畸型怪嬰。所以還可能養兒育女的人，切忌服用此藥，以防產生不幸的現象。

「青春痘」的問題，應該是預防重於治療。少吃油膩食物，減少含有高脂肪的食品，少吃花生及Cocoa，少吃油膩的東西，時常使用中性肥皂洗臉及洗身，防止油脂腺排出口被阻塞住。這些方法，都能夠幫助防止「青春痘」的發生。

至於治療方法，可分為兩種時期來討論。

一、第一種時期：是當病人正在急性發炎的時候。「青春痘」一個個都是紅紅的、腫腫的，有時候還有膿疱。這個時期的治療方法是內服抗生素，加上局部外服藥品。治療青春痘的外服藥物，普通都含有去除堵住在油脂腺出口處的油垢的特殊酵素，而且含有抗生素的成分，用來治療局部的發炎現象。

二、第二種時期：是當急性發炎已經消褪了，皮膚上產生了許多不雅觀的傷痕及窟窿。這個時期的治療方法很多。作者在此建議讀者試用最近市場所流行的Retin-A。只要使用得法，作者親眼見過無數的受益者。如果Retin-A的治療不能達到目的，醫師們還有許多不同強度、不同成份的外服藥物，來幫你去皮及換膚。如果，這些都不行了，機械磨皮、化學磨皮、乾冰脫皮及雷射磨皮都可以考慮。不過，就如同上節所述，東方人千萬小心磨皮手術，因為特殊不良體質的關係，否則會弄巧成拙。

有一點千萬要記住的是，在治療的同時，切勿忘記保護皮膚必須同時進行。為了防止治療後的年幼皮膚再次遭受紫外線的摧殘，防晒油（Sun Screen）及護膚油一定要同時使用才行。

第三章　詳述其他美容外科手術

第一節　眼周皺紋、疲勞眼及眼袋的問題

隨著年齡的增大，眼睛周圍的皺紋，便會跟著增多。這與陽光的曝晒、操心、勞力都有關係。這些皺紋，可能出現在上眼皮、下眼皮以及眼睛的角部及尾部各地方。

在上眼皮部產生的皺紋，輕者先蓋住了雙眼皮，使雙眼皮變得不明顯或消失了，有的人變成了所謂「三角眼」。

進一步，眼皮更鬆了，便會發生「疲勞眼」的現象，一天到晚，朋友一看到了，都說你無精打采，是不是熬夜了，或是睡不夠了等等。

再嚴重下去，眼皮甚至於會垂下來，把眼珠遮住了一半或全部，而影響視力，產生功能上的病態現象。

在下眼皮部位，皺紋起初是很細小，而且沒有規則的細紋。以後漸漸的增大，變成了一層一層的線紋。這些皺紋，有時在午後或是晚間還甚且會發生積水或是腫脹的現象。

眼睛的前角部如果產生皺紋，常常會橫過鼻樑，與另一邊眼角部的皺紋接在一起造成人

中部的一個大橫線皺紋。在眼睛尾部呢？皺紋會堆在一起，變成了「鴨爪紋」，而增加老化的現象。

至於眼袋問題，就不一定要年老才發生，因為有時與遺傳也有一些關係。眼袋發生在下眼皮內，主要是因為眼球後面的脂肪垂下來，而積存在下眼皮的皮下層裡面而發生的。眼袋的問題嚴重了，便會影響到美容的問題。

治療眼周皺紋的方法，可分為兩種：

一、使用不開刀的方法

醫師們利用機械脫皮、化學藥品脫皮或者雷射脫皮來除去表皮層內的角質層及上皮層，然後讓新生皮長出來。這些年輕的新生皮膚，就很少有皺紋了。

作者曾經詳述過有關脫皮一事，並且警告讀者說，我們東方人應該特別小心這種「脫皮」的新玩意。

因為我們的體質特殊，百分之二十以上的人，脫皮之後會產生十分不雅的疤痕或斑點。而且在治療的過程當中以及治療之後，也應該小心注意皮膚的保養，勤擦SUN SCREEN以及護膚藥膏，否則弄巧成拙，皺紋減少了，而黑斑及雀斑代之而生，真是得不償失呢？

二、使用開刀的方法

醫師們利用美容手術方法，上眼皮部分有皺紋，就在上眼皮部分動手術，把多餘的皮去除；下眼皮的皺紋，或是眼袋、脂肪過多症等等，則在下眼皮處開刀，沿著眼睫毛下，大約零點三公分的地方開一個切口，拿去多餘的脂肪，去除多餘的皺紋及皮膚，然後縫合成一條疤痕極其微小的線條。開刀的效果好，極為一般人所歡迎。

至於鴨爪紋的問題，則需要再加上拉臉皮的手術，才能達到其最好的效果。

眼皮開刀，普通差不多有五至七天的腫脹。皮下鬱血的現象，也常常會發生。作者建議在開刀之後，使用冰塊或冰冷的濕毛巾做冷敷治療，來減輕疼痛以及鬱血、腫脹的問題。術後三天，最好不要平睡在床上，睡覺時，應該把頭抬高，睡在二至三個枕頭上，以減少不必要的腫脹。

術後還有一種可能發生的後遺症，那就是眼皮外翻症。眼皮因為開刀切口處的疤痕收縮而產生外翻的現象。

這種問題，如果太嚴重的話，需要再次開刀才能夠改正過來。如果輕微的病狀，常用手指在眼尾部做向上向外的按摩運動，也是會有幫忙的。

第二節　眉毛及眼線的問題

眉毛的形狀，因人而異。有粗有細，有長有短，有的是下弦月狀，有的則是上勾形體；有的是頭粗尾細型，有的是頭細尾壯型，各種不同型態，不可盡舉。有的人年紀大了，或是因為疾病，或者局部的刺激，會發生眉毛脫落現象，而造成了化粧上的困擾。

眉毛的問題，本來就很容易利用化粧來改正的。不過，時代越進步，時間的緊迫性就越厲害。所謂一瞬千金，現代社會裡，人們花費在化粧上的時間越來越少了。

許多人開始覺得，用在化粧上面的時間太可惜了。於是紋眉之舉，就開始倡行了。把你所喜歡的眉毛形狀，利用紋身的技術，紋在適當的部位，就可以一勞永逸，不必天天花時間去化粧了。

同樣的理由，現代女性，為了便於化粧，為了節省時間，為了永遠有一個活潑青春的感覺，近年來，紋眼線的風氣，也是相當流行了。

紋眉以及紋眼線的手術都是很簡單，而且有效，又不會有多大的疼痛。

不過，每一個人在手術之前，應該明瞭這種手術做了之後是很難再更改的。作者建議，每一個人在術前，應該自己先化粧一下；應該確定這個形狀，確是你終身所要的形狀，然後告訴施術者，你所希望的形狀。否則，做了之後，發覺形狀不好看，也就束手無策了。在目前，醫術上想更改紋眉或紋的眼線形狀是有的，不過，改了之後，往往不會比第一次做完的效果好。所以，奉勸各位三思而後行。

第三節　除了隆鼻之外的鼻部問題

*問題一：鼻樑部的異形構造？

鼻樑部最標準的形狀是一條十分溫和的斜線，這個斜線在鼻頂部以三十度的角度與人中部位接合，下端則緊接著鼻尖。這個斜線，處於臉的正中央，是審美者的焦點。在這條斜線上可能發生的美容問題如下：

㈠第一：鼻頭部凹下。鼻頭部位，每一個人都會有一些凹下，不過凹下太深了，就不美。這個問題，以往只能用隆鼻手術來彌補。最近，醫師們開始使用脂肪移植手術來填補這凹下的地方，效果十分滿意。以前，有人用矽質流體（Silicon liguid）來填補；因為矽質流體會四處亂跑，作者本人不贊成這種方法。

㈡第二：鼻樑部凸出。鼻樑部的凸出，破壞了斜線的美觀。對這個問題，最合邏輯的方法就是把凸出的部分刨平。有時因為個人的需要情形，醫師還需加上一塊矽質體（Silicon Block）來做為隆鼻之用。

㈢第三：鼻樑不正。這可能是先天性的畸型，不過大部分是後天的關係，因為外傷或其他因素所造成。這種畸型必須依靠開刀的方法才能矯正。

*問題二：鼻尖部的異形構造？

鼻尖部的標準形狀是一個小山的形狀。在一邊山坡上的斜度是三十度，從鼻樑到鼻頂，在人中部與臉部相接。而這個山的另一邊則是一個山崖，它利用一個九十五至一百度的角度在上脣部與臉皮相接。

鼻尖部的問題是，鼻尖太大或太小；鼻尖太高或太低；或是因為與臉接觸的角度不適當而造成了太外現或內隱等等不雅觀的問題。

這些問題都可以利用開刀的方法來改正。有時醫師還須在鼻尖部埋入一小塊的移植物來幫忙改善鼻尖的問題。這個移植物可以應用矽質體（Silicon Block），或是自己鼻骨的一部分，或是由自己耳骨或骨盤部分取出一小塊軟骨來做。

＊問題三：鼻底部的美容？

鼻子的底部寬度，最理想的是等於整個臉部寬度的五分之一。太寬了或太窄了都有需要改正或美容的必要。還有鼻部與上唇部的接觸點，應該在上額與下巴連起來的直線上面。太往裡面啦，更嚴重的是太往外面啦，都不好，都有改正的必要。

有些人是鼻孔畸型，或者是兩邊鼻孔不等大小，或者是不同形狀。這些問題可以使用開刀的方法來改正。

＊問題四：鼻通道以及鼻中隔的問題？

鼻通道可能因為外傷或發炎的關係，而造成阻塞的問題。鼻中隔也可以因為外傷的原故而彎曲、腫大甚至於變形了。目前，專家們都能夠使用精巧的外科手術方法，來治療這些疾病，以改進鼻腔的功能。

一個人經過鼻子的手術之後，醫生普通會在鼻孔內塞入紗布，以及在鼻子的外面包上一個小的石膏質硬體物。這些在鼻內的紗布，第三天便可除去；而鼻外的硬型紗布，則須持續七至十天。鼻子的外圍，常會腫脹及鬱血一至兩個星期。

鼻子手術之後，病人應該注意利用口腔呼吸。也不可擤鼻涕，以防止出血。

科學的進步，已經為鼻子帶來了許多優秀、精確的手術方法，這對於患有此疾之士，真是一個大好的消息。

第四節　嘴唇的美容

嘴唇的美容問題，可以分為兩部分：

一、第一種是構造上的問題。譬如說，嘴唇太大了或太小了；太厚了或太薄了；或者是兩邊不等大小了，或是先天性、後天性因素而發生了畸型等等。

二、第二種是構造上本來沒有什麼問題，不過因為時尚或是個人審美的觀點不同，想要把嘴唇改變形狀或大小及厚薄等等。

嘴唇的寬度，標準是等於整個臉寬度的三分之一。從上唇部與鼻底接觸的地方到下巴的距離，應該等於整個臉高度的三分之一。下唇的厚度與上唇厚度的比例，應該為三比二。

上唇的中間部分，因為處於美的焦點的附近地帶，也所以特別為人所注意。而且這個地方的結構也比較特別一些。為了這個倒「V」形狀的上唇部分，很多人不惜時間與金錢，來追求達到至善至美的程度。

人類在胎兒時期，由胚胎演變到人體的過程當中，本來我們的嘴唇是跟動物一樣的「兔唇」形狀。一直到胚胎的末期，兔裂的現象才吻合起來。有的嬰孩，這種兔裂的狀況沒有合攏起來，或者只合攏了一半，所以出生之後就有所謂「兔唇」畸型的現象。這個問題，現在醫學上也能夠彌補了；不過開刀之後，總是還有一些疤痕。有些病人，還須做一些小開刀，來把疤痕去除。

唇部的美容，最多的是想把嘴唇變得厚一點，或者變薄一點。想要把嘴唇變厚，開刀的方法是，沿著唇沿切去一部分皮膚，然後把唇部的黏膜接上來，使唇部的黏膜部分加厚。

有一些醫師，利用脂肪移植的方法，注入脂肪細胞來增加嘴唇的厚度。也有一些醫師，從身體的其他部分，取出一整塊組織（包括內皮層及皮下組織），埋進入唇部，來增厚嘴唇及改變形狀，不過這種手術，目前還在觀測階段。至於要把嘴唇改變成比較薄呢？開刀的方法是由口內黏膜切入，將一部分的黏膜與組織除去；縫合之後，嘴唇就會變薄，而形狀也會因此改變了。

其次談到改變嘴唇形狀的問題。輕微的唇形改變，可以用刺身的方法來進行。利用開刀來改變唇形，作者覺得比較自然、美觀。開刀的方法是，從唇沿上切入，利用美容的原理，做成受術者所希望的形狀就是。

最近西方時尚流行大而且厚的上唇。一些人不但用手術方法把唇形加大，改變成自己所嚮往的形狀，而且還加上脂肪移植來加強效果。東方人的社會，據我所瞭解，大家想辦法要嘴唇小而且細，到底將來會不會改變觀念，我心理上也是一個問號，只好讓時間來解答這個疑問吧！

有些人在嘴唇上面或周圍長了一個不小的瘤腫或是痞痣。為了把這個東西去除，可能會影響到外觀的美容問題。這個時候，就應該找一位有經驗的專家，好好討論，做十分仔細的分析，十分精細的做組織移位手術，才不會破壞外表的美觀。

有些人在嘴唇的周圍開始有十分細微的皺紋。對這種問題，處理的方法，可以用化學脫皮、機械磨皮或者用矽質（silicon）做小針美容。作者本身比較偏好後者，原因是東方人的特殊體質，常常會發生因為脫皮或磨皮而產生不雅疤痕的原故。

有些人希望把嘴唇改成心型或者其他的造型，目前醫生們也能夠使用美容外科的方法來幫忙了。手術的方法並不太困難，對有這種需要的人們，確是一個大好的福音了。

第五節　耳部的美容

耳朵的美容，大約佔所有美容手術的百分之三左右。

耳朵的問題，可分為：①先天性畸型及②後天性的外傷兩種。

先天性的畸型，普通以「招風耳畸型」最多。所謂「招風耳」，就是耳朵不往腦後部斜入，而挺挺直直的，以九十度的角度掛在頭部的兩側，美觀上很受影響。

有這個問題的小孩子，醫師們建議，要在他們上學之前開刀校正過來，否則上學之後，常會被同學取笑，或者叫出一些不好聽的綽號，影響兒童心理至鉅。

過去時常看見一些人，尤其是女孩子，故意留著很長的頭髮，用長髮來掩蓋住這些有礙雅觀的耳朵。現在，大可不必了，因為開刀就能夠解決這個問題了。至於開刀的方法，大都是從耳朵後面切口進入，拿去一塊軟骨及皮膚，然後用針線來改變耳朵的傾斜度就是。開刀之後，病人必須穿戴一個特製的紗布約兩個星期，效果十分良好。

其他的先天性畸型，有耳朵太大或太小、耳廓畸型、耳垂異狀、耳朵附近有軟骨瘤或皮膚腫瘤，或者是沒有耳朵等等情形。目前的醫學技術，都能夠把這些畸型迎刃而解。

以下讓我們談一談有關後天性耳朵外傷畸型的問題。在耳朵外傷當中，最常見的莫過於耳垂部的外傷。這種外傷大部份是與耳鐶有關。

許多人穿了耳孔之後，便毫無小心的掛上許多很重的耳鐶，以後，隨著耳鐶的重量及拉力，耳垂就慢慢的被割斷而產生畸型了。也有人，因為本身對耳鐶的金屬起反應，發炎，而產生畸型狀態。這些問題都可以使用美容外科的方法來解決的。

其他如車禍外傷，耳朵被去除一部分或全部；或者軟骨部分在發炎之後，消失成一團耳肉……等等，這些問題，都須要耐心的醫師分成數期來工作，才能夠治療成功。

總之，耳朵的問題，在今天，都能夠以現今最進步的醫學技術來美容的。術後的保養也是十分容易可靠的。

第六節　臉部的美容問題

一、上額部的問題

額頭部的寬度，占有整個臉部的三分之一。不過，這是一塊比較單調的地方，比較少數人注意這個地方。

人類最常使用眼睛及嘴巴來表現表情，不過差不多所有的表情，都需要使用額頭部來輔助。讀者可以面對一面鏡子看一看，當你快樂的時候、憂慮的時候、生氣的時候以及思考的時候，你的額頭部，有沒有出現一些橫行的皺紋？而這些皺紋的深淺、大小及形狀又因所要表現的表情而不同。

人類就是因為使用這塊皮膚太勤了，而且又因為這塊皮膚位於人體接受陽光照射的最前鋒，經年累月，這地方的皮膚遭受紫外線的損傷也最大，於是皮膚老化現象及皺紋的發生也就首當其衝了。

醫師對這些老化皮膚以及皺紋的處理有幾種方法：

一、**第一種方法是化學治療法**。醫生們使用不等強度的脫皮劑，輕微的如化粧品中的去膚膏，進而如維他命A酸（Retin-A），更重的如化學脫皮用的貝克氏溶液（Baker's Formula）……等等，都被派上用場。東方人的皮膚特性不好，如要試用這種治療方法，不應使用太重的處方，而且也同時需要考慮兼施皮膚保養才可以。

二、**第二種方法是填補術**。最近自從脂肪抽除及移植的方法盛行之後，醫生們利用移植脂肪來填補這些皺紋，功效很好，而且填補了之後，也增強了上額部的肥潤感，真是一舉兩得。在發現脂肪移植之前，用蛋白纖維質（collagen）注射也常被應用的。

三、**第三種方法是上額部拉皮術**。利用開刀的方法，在上額與頭髮接觸的線上切口進入，分離皮膚，然後拉緊上額部，來去除所有在額頭部位的皺紋。這種開刀效果好，不過費時。開刀後的後遺症是可能增加額頭部的光禿現象。

以前曾提過，上額部的人中點，上唇與鼻底的接觸點以及下巴的中央最突出點；這三個點剛好在同一條線上。如果人中部太凸出了，則產生凸頭現象。太凹入了，又不美觀。凸頭的人，應該利用美容的原理，提高下巴及上唇部來整修這個缺陷。至於額頭下凹的情況呢？則須利用脂肪移植來塡補。日本及歐美一些美容權威，開始實驗使用電腦衡量，特製一片矽質體裝進去額部，來治療這種病例。

額頭部的割傷，如果傷口是橫的方向，癒合之後的美觀問題就不怎麼會受影響；不過，如果這個傷口，不幸是直向的話，那麼對美容就十分不利了。美容醫師必須使用許多不同的技巧，來改正這種外傷所造成的問題。

上額部如果長了很大的瘤，必須開刀，或者燒傷後的疤痕需要去除，在這些情況下，醫師可能需要應用全層皮膚組織移植術來應付這種問題了。

二、顴骨部及其周圍臉部的問題

東方人，到目前為止，都不喜歡有太大的顴骨突出的臉像。歐美的女孩子，追求著顴骨加大，東方女孩子，卻希望顴骨變小，真是奇妙。不過，兩者都需要美容醫師來幫忙。

想把顴骨變大，唯有除去一小部分骨頭才可以，這種大手術比較複雜、麻煩；如果你的顴骨不突出得太大，作者不建議你去嘗試這種皮痛。

至於把顴骨加大呢?就比較簡單了。醫師在上齒部開一個切口，由這個切入口，放進一塊橢圓形的矽質模體即可。開刀之後，在頭側部，會有一個小紗布球存在七至十天才被拿掉。至於口內的縫線，是不必拆線的，因為它們會自己溶解掉的。

最近作者使用脂肪移植的方法，為許多病人注入脂肪來做加高顴骨的手術。這個方法更簡單，而且功效也奇佳，真是值得推薦的。

在顴骨的內側，與上唇接觸的臉部地方，也是一個美容醫師常被會診的一個部位。許多人因為年紀大了，或者因為牙床糾正之後臉像稍微變了，會產生了一條斜行的深皺紋在這個地方。這條皺紋，沒有人喜歡它。因為它會增加你的衰老感。它就像印在你臉上的文字一樣，告訴每一個見到你的人，有關你年紀的秘密。每一個來找我的人，都說他們恨透這條皺紋。醫師們對這條皺紋的處理方法有幾種：

第一種：是直接使用開刀的方法把這條皺紋割除。不過經過這種手術之後，會留下一條永恆的疤痕，不一定是一個理想的方法。

第二種：是利用脂肪移植方法，把抽出的脂肪細胞，由腹部或腿部移植到臉部，來填補這條不受歡迎的皺紋。用這種方法，普通須要填補二至三次即成型了，效果也很好。

第三種：是拉臉皮手術。拉臉皮的手術很好；拉臉之後，這條皺紋會減輕很多，不過，不可能全部除掉。這點讀者必須明瞭的。很多人抱著百分之百的希望，術後看到的是百分之七十的成果，覺得大失所望。

其實百分之七十的成果，在拉臉手術上，已經是上乘了。而且單只是拉臉皮，是不可能全部把這條皺紋除去的，如果拉臉皮拉到能夠把這皺紋全部除去的話，那麼嘴巴一定會變形，那就更不雅觀了。

費城紐曼博士（DR. Newnan），認為這條皺紋的產生，主要是因為臉槽部積有太多脂肪之故（Buccal fat）。為了去除這部分的脂肪，紐曼醫生還特別發明了一種機器，專門用來抽除這個在臉槽部裡面的脂肪，來幫助減少這條不討人喜歡的皺紋。

另外一種臉頰部的問題是「人造酒窩」。許多人天生就有酒窩，這是因為在頰部的肌肉群當中，有一個空缺部分，所以當頰部的肌肉收緊時（譬如笑的時候），這個空缺就出現了。這現象一出現，也就出現「酒窩」了。

天生沒有酒窩的人，希望有個酒窩，醫師們就要想辦法做個「人造酒窩」了。開刀的方法，是由嘴內口腔黏膜進入，拿去一部分的組織，使頰部的肌肉間產生了一個人造缺損，這一來「人造酒窩」便會產生的。

三、下巴的美容問題

下巴的問題當中，最多的是，下巴長得太長了，或太短了。以前曾經陳述過，上額部的人中點，上唇與鼻子的接觸點，下巴部份最突出的一點，這三個點應該生在同一條直線上。下巴的最突出點，如果是在這條線的外面，就表示下巴太長了，也就是我們所謂的「戽斗」。如果這個點是在這條連線的裡面呢？那就是太短了，也同樣是不好看的。

下巴太長的人，美容的方法是下額骨減短術。使用口腔骨科的技術，加上美容學的原理，縮短下額骨，才能使下巴向內縮，來達到美麗的目的。

下巴太短的人，就須要裝入一個矽質體，來增下巴的突出點。這個矽質體須要由口腔內部進入，手術的效果不錯；除了異體排斥的反應之外（發生的機會極少），並沒有什麼其他的副作用或後遺症。另一種方法是利用脂肪移植的方法來填高下巴的缺點。

有些人希望在下巴的上面有一個缺陷口，就像名影星道格拉斯（Douglas）的下巴那樣子。對這個問題，手術的方法是從下巴下沿的皮膚切口進入，把一部份的組織拿去，術後，還要在下巴的地方，用幾塊紗布加上壓力，繼續使用達十天之久，紗布拆除後，新的性感下巴就會出現了。

下巴地方，還有一個問題，那就是「雙下巴」。許多人一長胖，發福了，下巴也就胖起來，肥肥的就像長了兩個下巴一樣，對這種「雙下巴」的問題，在以前，唯一的辦法是開刀，在下巴的地方，切入一條線，把多餘的脂肪拿掉。然後遺留下來一條不小的疤痕。

而現在呢？醫師可以使用抽脂肪的方法，由下巴一個五厘米大的切口，利用很小的管子，把下巴的脂肪抽出來，同樣可以得到消除雙下巴的功效。抽脂之後，病人必須包上鬆緊紗布約七天之久。

開刀後兩個星期，病人便須開始按摩運動，才會使抽脂之後的下巴變得平滑及收緊。雙下巴的治療方法，目前幾乎已經全部被抽脂手術所取代了。

四、「特徵下巴」的造型手術

所謂「特徵下巴」，就是針對極少數的人，在下巴的頂端，有一個小小的凹陷而言的。

普通的人，在下巴的頂端部分，應該是凸出的，而形成一個小山堆的形狀。只有少部分的人，譬如著名影星「道格拉斯」，在下巴頂端本來應該凸出的地方卻下凹了，而變成了一個小火山口的形狀。很多人希望擁有一個這種形狀的下巴，因為他們認為這樣子比較漂亮及性感。

如果你也是這其中的一個人的話，美容外科醫師是能夠為你做成這樣子的下巴，讓你達到你的目標的。

這種手術所需要的時間大約是三、四十分鐘。醫生須要從下巴外面的皮膚，開一個兩公分長的傷口；利用手術的方法，把一部分的皮下組織拿去。當然還須要保留皮下部分本來存有的附屬組織，譬如汗腺、皮脂腺及毛孔等等。然後需要把皮層由裡面倒進縫入皮下，使之自然的形成了一個小火山口的形狀。術後，醫生還須要在小火山口的外面加敷一塊壓力紗布，這紗布要一直保留了十天之久。

「特徵下巴」手術之後的併發症，並不會怎麼厲害。普通開刀後常見的併發症，譬如出血、發炎……等等，當然也可能在這種手術後發生的，不過很少被看到而已。

局部皮膚壞死，是一個必須小心注意的後遺症。醫師在開刀時，就應該謹守著原則，不要太大意，把所有的皮下營養組織及附屬組織都統統拿掉了，這樣就會造成壞死的現象，進而演變成不雅觀的後果。

另外，在凹下部分的皮膚，是有可能會造成局部顏色改變以及脫毛現象的，不過大部分是與醫生拿去太多皮下組織有關，所以，這也是可以避免的。

五、顴骨手術時必須注意的事情

顴骨的位置是在於兩個眼睛的外下方。這塊骨頭是操縱我們整個臉部外廓的重要因素。如果顴骨長得太凸出了，不但不好看，東方人還加上了一些迷信的色彩在內，很多人認為，顴骨太高了，會尅祖、尅夫、尅財……等等。如果顴骨長低了，會使臉上變成了一個缺陷，而造成了一個不成「臉」的臉形。

英文當中用一個PROJECTION來代表，它就是說，這個部位是應該要突出的，如果不突出，就會失去了一個「臉」所應該具有的條件。

許多西方人，自從上世紀末開始，便流行看顴骨突出的習尚，大家一窩蜂的流行著，使用化粧的技巧，來使顴骨突出的風氣，而且越突出越好。美容外科醫師，也順著潮流的要求，發明了使顴骨肥大及突出的手術方法。有一些人，是因為外傷的關係，有一邊或是兩邊的顴骨外傷而斷裂了，這些人也是需要醫師來補救他們顴骨的問題的。

顴骨太大了，或是外傷變形了，想要手術時，則必須要有受過特別訓練的專家，從嘴內或者是下眼皮部分進入，找出問題的所在處，切斷太凸出的部分或整塊骨頭，有時還須以鋼絲紮起來，才能夠達到受術者所要求希望有的目標。

至於顴骨加大的情形，就比較簡單了。手術可以從嘴巴裡面或是下眼皮的地方開刀進入，很巧妙、很小心的墊上一塊狀的軟性矽膠體，當然，這一塊矽膠體是必須要剛剛好適合你所希望的大小與形狀的。普通是工廠預先做好而消毒好的，受術者，必須在術前先經過詳細的量度，才知道須要的尺寸。

開刀之後，有些醫師還會在外頰部的地方，留下一塊小小的紗布，用來做固定之用。這一小塊紗布，是直接從矽膠體上面縫出來的，必須要等四～五天之後，矽膠體已經與組織吻合在固定的位置了，才能夠把紗布去掉。

顴骨的開刀，也是跟其他的手術一樣，應該留意可能引起的併發症，譬如出血或發炎等等。普通都必須服用一個星期的抗生素。手術的部分，可能會有暫時性的麻木感，這普通都須要三、四個月才能慢慢回復過來。

以作者的經驗，目前東方人要求把顴骨加高的人，為數不多。不過讀者就估且把這段文章當成一個日常知識來瞭解及研究就是了。

六、酒窩的造成術

人類的臉頰部分，本來是平平滑滑的，這實在就是一個標準的臉型。但有些人，一微笑起來，就會出現一個「酒窩」。這一個酒窩，就像一位畫家的畫筆一樣，它帶有奇妙的神力，它能夠把微笑加上了一重美麗的色彩，使一個微笑變得更漂亮、更神祕、更有魅力。「酒窩」就這樣子，變成了一個美麗的象徵。沒有酒窩的人，羨慕著要有酒窩，酒窩不大的，想使之變得更明顯一點；只有一個酒窩者，也想要變成有一對酒窩。

這個習尚，西方人是比較少的，東方人對此比較流行。「酒窩」，這個名字的來源，本來就有點錯誤了。直覺的人會誤解說，有酒窩的人，定是可以喝大量酒精的意思。沒有酒窩的人，就併命想多喝一點酒，希望喝醉醒來之後，就會發現一對迷人的酒窩了。

作者可以在此向你保證，就是你醉上了一百次，或者喝上幾加侖烈酒都不醉了，沒有酒窩的人，還是不會長出酒窩的。

其實，酒窩的形成與飲酒是完全沒有什麼關係的。一個人所以會有酒窩，是因為在他臉頰部的咀嚼肌肉群當中，有一個肌肉間隙的關係。這個肌肉間隙普通與遺傳或者是面部脂肪的多少有一點關係。這個肌肉間隙大了，就會產生了一個「酒窩」。

科學家們，可以利用美容手術的方法，來為你製造一個酒窩。手術的方法，是由嘴巴裡面切一條開刀口，由嘴黏膜裡面進入臉頰部位，把一部分的脂肪及皮下組織除去，然後把皮下層與嘴黏膜縫上，這樣就可以在臉頰部造成了一個內凹的形狀，而達到了受術者希望有酒窩的要求了。

這種開刀，並不怎麼複雜，併發症也不怎麼多。最重要的是要注意預防發炎及出血現象的發生。保持嘴內的清潔，常用藥水漱口，遵照醫師指示服用抗生素，這都是預防發炎所應該注意的事項。

不要做太過激烈的咀嚼運動，幾個星期不可食用太過強硬的食物，不服用阿斯匹靈（ASPIRIN），不選在月經期間開刀……等等，都是避免出血所應該瞭解的事情。

普通，酒窩的手術僅需要兩、三天的恢復期。這真是一種十分引人嚮往的美容手術了。

第七節　頭髮的美容問題

一、禿頭的問題

禿頭的問題，最多發生於男性，其實，少數女性也有這樣的問題，不過沒有像男性發生得那麼嚴重而已。

禿頭的原因，一般可以分為兩大類：

第一類：是最常見的所謂荷爾蒙性的禿頭。這類的禿頭，與男性荷爾蒙很有密切的關係。普通禿頭現象在三十五歲左右開始，越來就越嚴重。也有人二十幾歲就開始初期的禿頭現象了。

醫師把禿頭的現象分成七大型。利用型態的分類來區別其嚴重的程度，同時也用來幫忙計劃治療的策略。

大部分的禿頭現象是從兩邊額頭以及頭頂部分開始的。以後漸漸隨著嚴重度的增加，額頭部的禿頭部分會與頭頂部的禿頭部分相接觸的，而變成了整個頭部的光禿現象了。

很多人都認為這一類的禿頭與遺傳是有一點關係的。

第二類：是病態性的禿頭。有些人因為頭皮發炎或是頭垢而造成脫髮症，進而發生整個頭部的光禿現象。又有些人因為癌症的原因，需要用化學治療或是放射線治療，而後變成了脫髮及禿頭的現象。不過這一類的禿頭現象，大部分是暫時性的，等到治療停止一段時期之後，頭髮就慢慢又長回來了。

禿頭的現象，大部分的人都是不喜歡的。也就是說很少人喜歡禿頭，不過這也不是百分之百肯定的答案的。

追溯時尚演變的歷史，也發現有時人們也在標榜著「禿頭美」的。我們可以看看一些科學性的電影當中，偶而看到一些領袖，無論男性或女性，他們都是禿頭的，很顯然的，在未來太空的社會當中，「禿頭」是權威的一個象徵。所以，將來有一天，「禿頭」真的要變成「時尚美」了。到那時，也許作者本身也會晉級為「美男人」的行列了。

美容界與醫學界，對於禿頭有下列幾種對付的方法：

第一種：是穿戴假髮。假髮又可分為兩種，一種是活動型，另一種是半固定型。作者看過很多假髮，當然假髮最好是依照每一個人的情形訂做的最好。有些假髮做得相當好，簡直可以做到亂真的程度，而且甚至於比原來的頭髮漂亮美麗呢！

第二種：方法是局部或全身性頭皮治療法。醫師們發現有一些藥物，可以用來做局部治療，或是更加上一些內服藥品，能夠幫忙頭髮的長出以及減輕禿頭的現象。美國最近流行的一種叫「Rogaine」的藥品，就是這當中的一個好例子。對於一些純粹因為頭皮發炎而產生脫髮及禿頭現象的病例，局部及全身服用藥都是極有見效的。至於荷爾蒙性禿頭的病人，到底局部服藥有沒有效呢？這就見人見智了。

總之，塗藥有效的成功率只有百分之三十至四十而已，而且停藥之後，禿頭現象又馬上會回復的。使用藥物來治療禿頭的人，心理上應該早就有這個準備，才不會覺得灰心。

第三種：方法就是植髮了。當初的植髮術只是使用大叢植髮，一束七至十根的頭髮一起種入，不但成功率比較低，而且種出來的頭髮也比較呆板一點，不好看。最近醫學界在植髮術方面也進步多了。醫師們可以用一束僅三至四根的頭髮，甚至於一束只有一至二根頭髮來做移植手術，不但成功率提高了，而且種出的頭髮自然大方又美麗，這真是需要者的一個大好福音了。

第四種：方法是全層組織移植術。利用美容外科的技術，把幾公分長的整條表皮及皮下組織，包括頭髮、頭皮在內一起移植到禿頭的部分。這種開刀的成功率比頭髮移植為小，不過一旦成功了，也是極爲見效的方法。

第五種：是頭皮縮小術。利用開刀的方法，把禿頭的部分，小部或全部去除，然後把有頭髮的頭皮部分縫合起來就是了。這一種手術方法，聽起來好像很簡單，其實是一種很因難，而且後遺症又比較多一點的一種手術方法，成功率也比較低一點。有意接受這種開刀的讀者，應該好好的與你的醫師討論之後，才可以做這個決定。

目前最常使用的方法，是第三種及第五種併合起來使用。普通把治療及開刀的程序分為數期，在每一期之間，又需要等待幾個月的時間。

所以，完成整個手術，普通需要起碼一、兩年的時間。受術者需要很大的耐性、時間與毅力才能夠克服這個問題。

普通捐髮的部位，是在後頭部，一次手術當中，只能夠捐上幾十叢的頭髮。然後把這五、六十叢的頭髮移植到禿頭的部位。普通這種手術都在局部痲醉中進行的，一般我們比較喜歡讓病人坐著來進行這種開刀。每次開刀都會有中等程度的出血，術前術後，病人應當多多進補，才能補足營養，同時也幫助新髮的產生。術後醫師會在頭上綁上加壓的紗布以防過多出血及助益植髮的成功。

至於頭皮縮小術呢，則更為有趣了。每一個人都知道，我們的頭皮，永遠都是緊緥緥的，那又怎麼能夠把一塊皮膚去除，然後拉上縫合起來呢？太不可能了。

醫師們為了增多皮膚的鬆弛程度，而有益於皮拉縫合手術，在術前幾個月就先要在頭皮內裝上了一個沒有氣的氣球；然後每隔幾天就打入一些食鹽水來使氣球膨脹，氣球一膨脹，表面的頭皮就會開始鬆弛了。幾個月之後，當氣球拿下來之後，醫師就有足夠的皮膚來工作，在這個情況下，才比較容易進行第二期的開刀。

普通要達到完全的效果，都需要四～五次的開刀，醫師時常間隔的使用頭髮移植或者頭皮縮小術來開刀。

今天的醫學，雖然有了十分進步的成就，尤其對於禿頭的治療，也有十分輝煌的進步與成果，不過，受術者的合作與耐心、毅力，也是決定手術成功的一大關鍵。

二、白髮的問題

年紀老了，頭髮變白，這是很自然的現象。所以，白髮實在具有「年老」與「慈祥」的含義，東方的孔老夫子，西方的聖誕老人，無不以白髮來標榜著他們的偉大與和藹。不過，有一些人，年紀輕輕的，頭髮就開始變白，尤其在半黑半白的過渡時期當中，則又很不好看。所以，白髮的問題，也就成為一個很令人關心的美容問題了。

目前醫學上，認為白髮的成因，直接與頭髮根部的營養有關。頭頂部的皮膚，或是因為曝晒陽光，或是寒凍，或是強風吹颳的傷害，或是因為不常洗髮，太多油垢阻止皮脂腺的分泌，或是因為洗髮太勤，局部頭皮受傷了……等等，一旦髮根部的營養份減少了；或是久病失調，全身營養狀況缺佳，都可能發生頭髮變白的現象。

治療白髮的問題，莫過於頭髮的保養。防止過分刺激及損傷髮根部供應全身及局部的營養是很重要的。足夠的營養及維他命，都有助於頭髮顏色的保養。

至於治療白髮的方法，醫師們就不大派上用場了。現今社會進步的美容方法，已經有許多的美容處方，潤髮劑、染髮劑、頭髮滋養劑……等等，用來解決這個問題。你的美容師也能夠在這方面幫你的忙了。

第八節　頸部的美容問題

最常見的頸部問題是「雙下巴」以及頸部皺紋與老化現象。有的人，這兩種問題都一起發生。對這些朋友，頸部的美容外科就顯得更形重要了。

首先談一談「雙下巴」的問題。在下頸部的地方，多上一層厚厚的脂肪，使外人一看，就像你長了兩個下巴的樣子，這就是為何會得了一個「雙下巴」名字的緣故。這個問題，很多發生在中年以後，體重增加者。不過，有時與家族遺傳有密切的關係，肥胖並不一定是「雙下巴」的主要條件。

幾年前，為了割除這些「雙下巴」，醫師們必需在頸部地方切了一條幾乎是半個頸部寬的切口，花上一、兩個小時，才能把「雙下巴」去除，而且又會留下來一條十分不雅的疤痕，使得患者談虎色變，不敢輕易接受手術。

最近呢?由於抽脂手術的發現，現在只需要一個在下巴地方小小的切口，便能夠把「雙下巴」利用抽脂的原理去除掉，方便又簡單，遺留下來的疤痕又小。

不過，有一點很重要的是，開刀後兩個星期內，應該繼續利用鬆緊紗布，加壓於抽脂處；而且，兩星期後，也應該開始局部按摩一段時期，才能夠使下巴的地方皮膚，回復到原來平滑光潤的形狀。

至於頸部鬆弛、皺紋及老化的問題，卻與年紀的增長有關。年紀的長大，也同樣地表示著皮膚遭受陽光的摧殘度增多了。頸部皮膚，漸漸變得鬆鬆的，而且皺紋也變得很多。

曾在幾次攝影展覽的場合中，看到幾位藝術家們，爭相以老年人的臉部及頸部當對象。作者還記得一張最優獎的照片，就是因為那位老太太的頸部有最多條皺紋，太藝術化了，才得到冠軍的。

醫師們為了去除這些皺紋，就想出了拉臉皮的方法。沿著耳下及耳後的切口進入，小心分離頸部及下臉部的皮下層；然後縫緊臉部及頸部的肌腱組織，去除多餘的表皮，把臉部往耳側部拉緊，下巴及頸部往上拉緊，來完成工程鉅大的拉臉手術。

拉臉手術是十分見效的，手術時間約須三個小時，術後應該好好在家休息七至十天。有些人為了這個手術，拿個兩星期的假，假期一完，上班時突然容光煥發，變得年輕十幾歲，這真可以叫它做「還顏的假期」了。不過，拉臉手術也不是沒有後遺症的。大部分的人，手術之後，會有一段時間的腫脹及皮下鬱血，有的人會發生暫時性的局部顏面痲痺，這些事情，必須請你的醫生在術前詳細跟你解釋才可。

另外一個常常被問及的問題是，一個人到底隔多久要來一次拉臉皮手術呢？這個答案是因人而異的。普通拉一次皮，可以維持五至十年。不過，也不須要太勤於拉臉皮了，因為，這樣的一直拉，有一天可能把五官都拉得異位了，那不是更糟嗎？其實，五官異位的機會是不大的，那只是一個笑話而已。

百分之九十以上的拉臉手術，也同時加上了頸部及臉部的抽脂。經驗上告訴我們，加上了抽脂手術，不但會使拉臉手術變得容易些，而且術後的效果也比較好。所以醫師們也都建議病人這樣做了。

第九節　胸部的美容問題

一、乳房下垂症

在乳房的問題當中，最普通的問題是乳房太小。對這個問題，最好的方法就是「隆乳術」。有關隆乳術的問題，在第二章裡面，已經詳述過，在此作者就不想再次討論了。

乳房除了太小的問題之外，最常見的就是「乳房下垂」的問題了。一個婦女，經過幾次的懷孕之後，提乳肌由於數次的脹脹縮縮，便開始會產生衰竭現象了。因為這種衰竭現象，就發生「乳房下垂症」了。

乳房與胸部皮膚的接觸那條線，叫做乳房線；下乳房線就是下面部分的乳房與胸部皮膚的接觸線。這條下乳房線，正常應該低於乳頭部的水平線上。如果乳房下垂，那麼下乳房線會漸漸升高，變成高於乳頭部的水平線了，甚至於還會高於乳暈的上緣水平線呢？

醫師們把乳房下垂的程度分為四度，最嚴重的程度時，下乳房線會升高到乳房的最上面，這也就是一般人所說的「布袋乳」了。

乳房下垂的問題唯有使用開刀方法來校正它。比較輕微的病症，可以在乳暈的周圍切口來做校正手術；不過，較為嚴重者，則須在下乳房部也開刀，拿去多餘的表皮，然後再以美容的原理，把兩邊下乳房的腺體拉上來縫合，以達到乳房提升的目的。

可是，乳房經過提升之後，一定會有圓圈形、棒棒糖形或是船錨形狀的疤痕。想要有這種手術的讀者，必須瞭解這些可能的疤痕，與你的醫生詳細討論，到底疤痕會有多大？怎麼樣的形狀？然後考慮一下，你受得了這些疤痕嗎？

如果你不在乎這些疤痕的話，乳房提升其實對乳房下垂症是一個很好的方法。如果你不希望在乳房有疤痕，而且你的下垂也不十分厲害的話，那麼只做隆乳術，有時也可以暫時改正乳房下垂的問題的。

最近，刺身術也被醫學界所引用了。對於一些病人，因為乳房提升之後所造成的疤痕，醫師也可以利用刺身術的方法，用顏色把不雅的疤痕遮蓋掉，這也是一個很好的輔助方法。

提升乳房的手術，不外是把多餘的皮膚拿掉，然後把乳房的組織推上，縫合起來，以達成乳房上升的效果。

如果一個人的乳房，不但下垂，而且又太小了，那麼在提升乳房的同時，也應該放入一個鹽水囊來做到隆乳以及提升乳房的雙重效果。

乳房經過提升之後，普通有一段時期，會在乳暈附近有麻木的感覺，這種麻木感覺，差不多三至四個月內，便會慢慢消失掉。

有些人關心提升後的乳房，還能不能夠哺育嬰孩的問題。這個問題的答案是「不能夠」。因為乳房組織經過了美容手術重新組合了之後，餵乳就可能會有困難了，不過只在乳暈部分開刀的提升手術，並不會影響哺乳的問題。

乳房提升手術，還有一個可能發生的後遺症，那就是乳暈脫落。因為手術部位是在乳暈部，所以一百五十分之一至二百分之一的機會，可能影響到乳暈部的循環，而會造成部分或全部乳暈脫落或壞死的現象。如果萬一這種病症發生了，醫師還可以使用皮膚移植術來補一塊皮，然後加上刺身的方法，來補救的。

總之，乳房下垂是可以改正的，醫師都需要使用手術的方法來補救。只要你有耐心與毅力，醫師都可以為你解決這個問題的。

二、乳房過大症

一般人都不大能夠瞭解，到底乳房可以大到什麼樣的程度，也不能夠知道到底大乳房有什麼樣的壞處，不明瞭有這種疾病的人，到底多麼恨透她們的乳房呢。

有一位病人，芳年三十二，已經有兩個小孩子，她是西方人。據她說，在高中時期，她就被同學稱做大哺乳動物。她從小就不喜歡裝飾，因為怎樣裝飾她的臉蛋，還是無法與她胸部的風頭相比，男同學們總是被她的胸部嚇倒了，那有時間去看她的臉蛋呢？而且當時她已經開始為找到適合的乳罩而煩惱了。

高中畢業那年，她便開始被她的大型乳房所苦惱了。她開始發生肩痛及背痛的毛病，她發覺如果不穿乳罩時，背就發痛，穿上乳罩呢？肩就發酸，兩邊肩膀上開始產生一條由乳罩所牽連發生的深溝，胸部及乳房下方，開始產生皮膚炎（因為汗水積集起來發炎的原故）。二十歲那年，經過一場感冒之後，她開始發生氣喘病及氣管炎，她認為這是因為大胸脯使她無法自然呼吸的原故。

以後結婚生子之後，她發覺每次生產後，乳房就變得越大越下垂了。到後來，她的情形是這樣子的。

第一，她沒有辦法穿內衣，因為沒有那一件特大號的內衣，她可以穿。

第二，她沒有辦法繼續在工廠當女工的工作了，因為她的乳房常常在工作中受傷。

第三，她也沒有辦法做她的家務了，因為肩痛及背痛。

第四，她無法再繼續她的唯一的運動了（跑步及慢走）。

第五，她的丈夫計劃與她分居了，因為她無法盡太太的義務。

第六，她變得消極，微弱及憂鬱症了。

第七，她全身變得多病，而且常常生病，如腰酸、背痛、呼吸困難及慢性氣管炎……等等。

這個病人，最後經由社會局的介紹，由她先生帶來找我。開刀時，每邊的乳房割除三點五磅的組織。現在開刀之後一年，她的整個人都變了。她與先生不再分居了，她在工廠上班，也參加了健身體操，減輕三十幾磅的體重，她是更活潑、更煥發了。她已經介紹四個患有此疾的病人給我。

有一位病人，年紀六十五歲，還一直堅持著要做這個手術，由此可見，有這種疾病的人，多麼希望有一天她們能夠脫離這種像苦海一般的活受罪呢?就是年紀大了，雖然已經習慣於大胸脯那麼多年，病人還是願意冒著開刀的危險，想辦法希望解除這個多年來的困苦。

開刀的方法，是從乳房部分切口進入，除去多餘的表皮，拿掉幾磅重的乳房組織；然後再應用組合法，縫合起來。開刀需要三至四個小時，病人平均失血量大約五百西西，平均恢復期間為三個星期。手術需要在全身麻醉下進行。開刀之後，兩邊的乳房上面，都會留下了一個船錨形狀的疤痕。

開刀後的後遺症有幾種。第一，是術後出血；第二，是手術部位發炎；第三，是乳頭或乳暈部壞死或脫落；如果這個問題發生了，是可以用皮膚移植以及刺身的方法來補救的；第四，是乳房會發生變形；第五，是暫時性的乳房部分麻痺。

西方人有這種問題的人，比東方人多。所以在東方人的社會圈裡，很少聽過這種毛病。雖然這種手術複雜，又有後遺症，不過，針對這種疾病，這是一種很有效的方法，想要解決這個問題，也只有冒其險而為了。

最近也有醫師利用抽脂的方法，來使乳房縮小，這只有對問題不大的乳房才有效，而且抽脂之後，乳房會產生許多皺紋及增加下垂的現象，所以利用抽脂方法來做乳房縮小的想法，目前為止，還不受大部分美容外科醫師的全面接受。以後，科學再進步了，可能新的方法再會出現也不一定啦。

三、乳房不等形的問題

在乳房的問題當中，還有一種問題就是兩邊乳房，不等大小或不等形狀的問題，這也是一個十分令人頭痛的問題。一個女孩子，有了這樣的問題，公衆場合，普通就很害怕去參加的。在衣服裡面，普通還能夠墊上東西來掩飾，可是如果上海灘的時候，那就更困難了。有這種苦惱的人，一般都心理自卑，不喜歡交際，病苦是無可形容的。

以目前醫學發達的情形，把兩邊的乳房改造成一樣形狀、一樣大小，是可以做得到的。不過，想要變成十全十美，或是完全沒有疤痕，就比較困難一些。

想要改變乳房的形狀，是一定需要使用開刀方法的。以最小的切口，做最大的整型手術，是施行這種開刀的最大原則。

至於乳房大小不等這個問題呢？普通是把較小的一個乳房，用隆乳手術的方法增大到與另一邊乳房等大為止。當然，在手術之前，需要很小心的衡量，加上開刀當中很仔細的比較，才能做到最好的效果。

有些人的問題是一邊乳房太大了。對這種問題，則需要在太大的一邊使用「乳房縮小術」的方法來改造。不過，這種手術之後，是會有疤痕的。這一點，每個人應該好好的跟你的醫師討論之後，才可考慮進行這手術。

有時候，如果兩邊差不太多的場合，醫師們可能會建議在小的一邊隆乳，因為這樣子做比較少有疤痕。

還有一種問題是乳房的下垂程度不等或者方向不同等等。這些問題，常常需要在兩邊的乳房都經過開刀的手續才能夠達到目的的。

四、乳房全部切除後的美容問題

乳房部分得了癌症，或者其他難於治癒的瘤腫之後，目前最流行及最可靠的外科治療方法就是「全部乳房割除術」。當然，有時癌症專家，還須要病人再經過一段時期的化學藥物治療或者是放射線治療等等。

乳房全部切除了之後，胸部就變成平坦了，而且還有開刀的切口疤痕。普通在病症痊癒之後，病人便會開始不滿意她們胸部的情況。有些人甚至因此而變成歇斯底里或演變成憂鬱症等等。針對這個問題，醫師們目前用下列幾種方法來解決。

第一個方法：是在衣服裡面墊上特別厚的「乳墊子」，這樣子便可以遮掩住不好看的外表。不過，這種方法總是無法令病人滿意的。

第二個方法：是分期式的隆乳。所有的乳房組織，在乳房切除術當中，已經全部被拿掉了，所以胸部只剩下肋骨、肌肉和皮膚。在這種情形下，是無法裝入一個像樣大小的矽質或是鹽水囊的，因為胸部的皮膚，根本就沒有足夠的鬆弛度，來容納足夠大小的義乳。所以醫師們把整個過程的隆乳手續分成三期。

第一期是裝入一個沒有氣的矽質氣球，然後分成數次，幾個星期的時間，慢慢的、一次一次的打入少量的食鹽水，用來使這個氣球慢慢脹大。氣球脹大了，就會慢慢帶動胸部的皮膚，使它漸漸鬆弛起來。一直到氣球到達三百西西左右的時候，皮膚的準備工作才算完成，到那時，才能夠考慮進行第二期手術。

所謂第二期的手術，就是開刀拿去氣球，裝上義乳（也就是矽質或是鹽水囊義乳）。這個手術之後，還須要等上幾個月之後，才可以施行第三期手術。

第三期的手術，就是利用美容學的原理，做個乳頭及乳暈就是了。以前也曾經提起，乳頭的部分是由局部皮膚改造成的，而乳暈則須經過皮膚移植或使用刺身美容的方法來完成。

這一種方法，是目前最普通使用的方法，效果很好。醫生們能夠使用他們的技巧，做到百分之八十至九十的真實感，但是還不夠達到百分之百的程度。而且開刀之後，還是有開刀的傷痕，這是美中不足的一點。

第三個方法：就是利用全組織移植的方法，來做整容手術。醫生把肩胛骨下方的肌肉，或者是前腹部的肌肉，包括皮膚及皮下脂肪層，整個移植到乳房的地方。用這個方法移植之後，整個乳房就有足夠的皮下組織，也有足夠的體積以及彈性了。在整個手術當中，全部組織裡面的動脈及靜脈，都必須使用顯微開刀的方法，予以保存，以免組織會壞死。

這種手術，費時很久，而且成功率也比較低。開刀之後，雖然乳房長大了，不過肩胛部，或是前腹部的地方，會有一塊陷凹的部分，而且很大的傷口，疤痕會長的很大，而且也很多。當第一期工程完全完成之後，等幾個月了，然後進行第二期手術，把乳暈及乳頭做起來，才算整個大功告成了。

乳房的復健手術，見仁見智，普通總是在第二種及第三種方法當中，選擇一種來施行。目前最常被使用的，是第二種方法。

總之，乳房全部切除後的復健，已經不復是一個難題了。這對於不幸需要割除乳房的病人，真是一個最大的福音了。

五、男性的「女性化乳房症」

男性的胸部應該要有健壯的肌肉，而不應像女性那樣，有圓圓大大的，豊滿又富彈性的乳房。如果男性的胸部，變得像女性那樣子的話，就叫做「女性化乳房症」了（Gynecomascia）。

男人會在兩個時期，可能發生這種現象；而這種現象發生的原因，也因為發生時期的不同而有異。

最常開始發現女性化乳房的時期，是在青春期。因為青春時期，男性及女性荷爾蒙分泌都增多了。乳房組織，受到體內女性荷爾蒙的刺激，而開始發生異常的發育。普通，每一位男生，在這段時期內，都會有一個短暫的過渡時期，會有乳房的發育現象，而使乳房產生稍有疼痛的硬塊。常常兩邊乳房的這種過度現象發生會在不同的時期。

當這個現象發生的時候，乳房的地方會覺得腫腫的，還會脹痛。所幸，大部分的人，都在幾個星期或是幾個月之後就恢復了。

不過，幾百個人當中就會有一個人不這麼幸運了，他們的問題，會一直持續的干擾著，而且常常兩邊的乳房都同樣有這個問題，這就是所謂的「女性化乳房症」了。

當醫師看到這種情形時，常常希望病人再多觀察一段時期；一來希望假以時間，乳房的腫大會漸漸的消失掉，而不必開刀了，二來，也需要較長的一段時間，來測定到底這個乳房的腫大程度是怎樣子，以決定更詳細的應付方法。

第二種乳房女性化發生的時期是在五十幾歲以後的男人。這種問題純粹是因為女性荷爾蒙的關係了。有些人因為肝疾、肝硬化、女性荷爾蒙在體內積存過多；或是因為腦下垂體長瘤，或是腎上腺體瘤的原故，使體內女性荷爾蒙的成份增加了。因為女性荷爾蒙的增加，乳房的組織受到刺激，便會產生肥大現象了。有些人因為攝護腺肥大症或其他毛病，醫生必須使用女性荷爾蒙類的藥物來治療，或者服用某些藥物，來抑制男性荷爾蒙的分泌，因為這樣，女性荷爾蒙便增加生產，而使乳房肥大。

對這種問題，醫師們的處理方法是這樣的。

如果乳房增大的原因，是因為女性荷爾蒙的原故，那麼，服用藥物來抑制女性荷爾蒙的產生，是會有一些效果的。不過，年輕的男孩子就不應該服用這種藥物了，因為它可能會造成更不可想像的後遺症。

最實際的方法，就是把乳房組織去除乾淨。以往，去除乳房組織的方法是在兩邊乳房的地方，開刀各切一個大傷口，然後把皮下脂肪及乳腺清除乾淨。開刀後，在兩邊胸部，會留下來大的開刀疤痕，很多人從此就不敢打赤膊，或做游泳及健身運動了，影響良深。

現在，大部分都利用抽脂的方法來進行乳腺抽除手術了。醫師們只要在兩邊腋下隱蔽的地方，開一個小切口，便能夠使用一根不銹鋼導管，把肥大的乳腺消除了。

這種手術，普通需要差不多一個小時的時間，手術可以在局部痲醉或全身痲醉中進行。開刀後，病人需要使用鬆緊帶紮緊胸部達六個禮拜之久。雖然手術不像普通抽脂那麼容易，不過術後的效果也是十分良好的。

目前，這種利用抽脂的方法，幾乎取代了所有其他的方法，成為治療女性化乳房症的標準手術了。

六、乳房瘤腫的問題

以前也曾經提過，每九個女性當中，至少有一位婦女在她的一生當中會得到乳癌；當然良性的瘤腫，就更不計其數了。至少每兩位女人就有一位在她的有生之年當中有過乳房手術。而且，這個數目是一直在增加的。

男性也可能會長乳房的瘤腫，甚至於可能會生乳癌，不過比例上是少得很多的。如果你有一位親屬患了癌症，尤其是乳癌，那麼你罹患乳房腫瘤及乳癌的可能性，就會比其他的人高出至少二至三倍了。

乳癌如果發現的早，治療的快，其痊癒率就會愈好的。所以，早期發現乳癌，早期治療是最重要的一件事。早期發現乳癌最有效的方法是，自身及醫生的乳房檢查以及乳房X—光攝影。

美國外科學會以及美國癌症學會，在幾年前聯合，發表一項乳癌預防的準則，希望全世界上的婦女們都能夠按照這個建議，誠心遵守，以期先期發現乳癌，而得到早期痊癒。他們的準則如下：

一、女性每一個月，應該自己做一次自身乳房檢查。

二、每一位女性，至少要每年一次，或者每當你自身檢查時發現了可疑硬塊後，需要請醫師為你做乳房檢查。

三、每一位婦女，在四十歲之前，要有一次乳房X—光攝影，來做為你的乳房的底案標準。

四、四十歲至五十歲的婦女，每兩年要有一次乳房的X—光攝影。如果你有癌症的家屬，那麼你就應該每年做一次乳房X—光攝影。

五、五十歲以上的婦女，應該每年有一次X—光攝影，除非你有乳房腫瘤的歷史，或是有癌症的家屬；在那種情形之下，你可能須要更勤的做乳房檢查或X—光攝影。

如果你不幸的發現乳房有一個硬塊時，該怎麼辦呢？

首先，你就應該找你的家庭醫師或是專科醫師為你再做一次乳房及全身檢查。醫師可能希望你做一次X—光攝影或乳房超音波檢查。檢查完了之後，醫生可能使用小針抽除瘤腫手術。如果你有的是一個水瘤或瘜室，那麼單單這個手術，就可能治癒你的問題，不過一定要叮嚀醫師，把抽出來的體液，送去做病理細胞的分析，確定每個細胞都是良性之後，才可放心。如果小針抽不出液體，或者是醫生認為你的腫瘤還有可能是惡性瘤腫的話，那麼使用開刀，把瘤腫拿出，再做病理切片檢查，是絕對必要的了。

至於開刀把乳房的腫瘤拿去的這個問題，我覺得有必要在此一談的必要。

乳房裡面有一塊瘤，如果長在乳暈的附近，那麼便可從乳暈部位開刀切入，以後傷口癒合了之後，疤痕就比較不明顯。如果腫瘤離開乳暈太遠了，那麼最好請醫生使用一條與乳暈外廓平行的環形切入口，這樣子，當傷口癒合了之後，就有比較自然的傷口疤痕，才不致於顯得難看。

如果不幸，這個腫瘤是癌症的話，你的醫師，便會徵求你的意見，是否希望做「全部乳房割除術」，或者只做部分乳房割除再加上放射線及化學治療……等等。如果你是選擇全部乳房割除的話，那麼你也可以請求醫生，為你安排以後隆乳的事情。

總之，對乳房腫瘤的問題，治療的方法，是一直隨著時代的進步而改進的。作者只能夠向讀者介紹有關當今醫學界，尤其是美容外科醫師對這個問題的處理方法，希望能夠給讀者一點點幫忙。

第十節　腹部及腰部的美容問題

一、腹部及腰圍的肥腫問題

大部分的人，一上中年，腹部就變成肥腫，腰圍增大，曲線變得很不性感。有時候，夫妻之間更以這個問題來互相嘲笑及誹議。

這個問題，本來在遺傳上就有一些影響的因素存在，再加上體重增加、運動減少、喝了太多啤酒、生過小孩……等等原因，就會使這個問題更形嚴重了。腹部的脂肪及腰圍增大的快，減少得卻很慢，而且很困難，所以，只好借重手術的方法來解答了。

治療這個問題，大概只有三種方法：

一、第一種是使用物理治療法。使用這種方法一定要多元性一起做才有效。病人要開始先減肥，再加上運動，尤其強健腹肌的運動是很重要的。然後還要在腹部及腰部的地方做按摩。利用這種物理治療的方法，是可以改進一些腹部及腰部的曲線的。

二、第二種是利用脂肪抽除術。應用抽脂的方法，在隱蔽的地方，開一個小小的切口，深入一條不銹鋼的管子，將肥腫部分的脂肪抽除掉，使你回復到原有的曲線。使用這個方法，手術時間大約一個小時；術後，你的曲線差不多回復了一半，要再等三個月之後，才能夠達到預期的效果。術後，病人應該切記使用鬆緊帶來加壓，而且兩個星期之後，便要開始按摩及運動，才能夠使效果更加顯著。

三、第三種方法是「腹部拉皮術」。有些醫師把抽脂的程序，也加入到腹部拉皮術裡面，以期增加術後的效果。

所謂「腹部拉皮術」，是在下腹部內衣可以遮蓋的部位，切了一條大約有一呎半長的切口線，由這個切口進入，把脂肪及多餘的皮層組織除去，收腹肌也須要用人造可吸收性的粗線來縫合，以增加收腹肌的強度，然後除去多餘的皮膚，加上肚臍重造，便完成這個手術了。這種手術，需時三至四個小時，出血量大約五百西西，術後的疼痛及腫脹，大概是兩個星期；而且還需要注意可能發生的併發症，譬如：局部皮膚壞死、出血、發炎、肚臍壞死及積水現象……等等。開刀之前，應該好好的跟醫師討論一下才行。

最近，有些醫生使用一種叫做「迷你型腹部拉皮術」。這只不過把開刀的切口縮小，把抽脂的手術做得更徹底而已。

只要術前好好的衡量，瞭解醫生可以做的能力及範圍，有些病人，就是使用迷你型的拉皮術，也同樣可以達到滿意的效果的。

腹部拉皮了之後，醫師普通都會放了一、兩條小小的塑膠管子來引留腹內的血水，這個管子只須引留幾天而已。

腹部拉皮手術之後，腹部及腰圍的曲線馬上就會改進了許多。不過，這是一種大手術，需要小心行事。術前及術後，一切應該遵照醫師的指示才可。

目前一般的意見是，如果腹部不太大，而沒有「肚兜現象」的話，普通是使用簡單一點的抽脂手術，一次或兩次，就可以得到很理想的效果。不過如果腹部太大了、太凸出，或者妊娠線很多，病人又堅持不要妊娠線，在這種情況下，腹部拉皮術就是唯一的方法了。

當然，每一個人必須斟酌他們自己的特殊情形來決定手術的方法，這樣，才能達到內心所希望的效果。

二、腹部的不雅疤痕以及妊娠線的問題

腹部的皮膚，因為受傷或是開刀，會留下來一些不雅觀的疤痕。這些疤痕，有時還會造成疼痛。對於這些疤痕，在科學發達的今天，當然醫師是能夠，使用手術方法，使用電灼、電刀或雷射等等，把它拿掉的。

不過四分之一以上的人，這個疤痕，因為體質的關係，或是傷口接合處拉力的關係，會再產生疤痕的。受術者，應該在術前就與醫師好好的商量，使用一種可以把傷口拉力減得最

低的方法，這當中當然還要考慮到你的特殊體質，然後決定手術的方法。

開刀後幾個星期之內，還要時常跟醫生聯絡，一有疤痕再生長的現象發生，醫師是能夠用一些特殊的治療方法來抑止疤痕的繼續生長的。

另一種腹部皮膚的問題，就是妊娠線的問題。妊娠線的問題，一直是一個糾纏著生育過小孩子的婦女的頭痛問題，它使肚皮不雅觀，有時甚至於會因而影響到婚姻生活呢。

妊娠線的發生，主要是因為當懷孕，肚皮膨脹的時候，許多腹部皮層內的結締纖維被脹斷了；這些斷了的纖維，在小孩子生出之後，雖然肚皮不腫脹了，不過它們就無法恢復，代之而生的就是線狀的疤痕遺跡，這也就是「妊娠線」了。妊娠線很不容易消去，而且隨著懷孕次數的增加，妊娠線的數目還會增多。

有些人使用物理治療方法來處理妊娠線。利用超短波、維他命E，或其他藥物，來做局部按摩及治療。這些方法，用來預防妊娠線是有一些功用的，不過妊娠線一旦形成了，就很難用任何方法來使它消失掉的。

使用局部化學或機械脫皮術，也是一種可行的方法，不過因為腹部沒有臉部那麼重要，而且面積大，恢復期間慢，疼痛程度也很大，在這地方的脫皮手術，比較乏人問津。

另一種最可靠的消除妊娠線的方法，尤其如果這位女性的腹部又很肥胖，那麼利用「腹部拉皮術」是最有效的處理方法。關於拉腹手術的詳情，已在前節陳述，在此就不多提了。

三、肚臍部的美容問題

肚臍的地方，是臍帶所留下的痕跡。胎兒時期，人類有一條臍帶，這是一條包含有胎靜脈及胎動脈的總合繩索，它是母體供給所有營養、水分給胎兒的唯一通道。

嬰兒離開母體之後，這條臍帶就不需要了，醫師首先切斷臍帶，然後把留在嬰兒腹部的一小段臍帶末端給紮起來。四至七天之後，這段臍帶變成乾燥而後脫落掉，這就是「肚臍」。有些小孩子，在臍帶脫落的地方發炎，有些小孩在肚臍的正下方形成疝氣，這都會使肚臍變成了不美觀的現象。

還有一些人，因為某些開刀，必須拿去部位或全部的肚臍，或是開刀必須在肚臍的正下方進行，這種種原因，都可能造成了肚臍部的畸型。

肚臍是可能再造或整形的。手續並不怎麼困難，術後也不怎麼疼痛，讀者大可放心了。

四、腹部疝氣的的問題

在腹部皮膚皮下脂肪層的下面，有一層肌肉。肌肉層的裡面，就是內臟了。這些用來包含內臟器官的肌肉部分，如果纖維斷了，或是鬆弛了，內臟就會從鬆弛的部分跑出來，尤其是小腸或大腸最容易。

內臟一跑出來，就會產生疼痛現象，這就是所謂的「疝氣」了。又因為小腸及大腸最容易跑出來，所以俗語又叫它做「垂腸」。如果「疝氣」的現象不校正，就不時發生疼痛，有時甚至於會造成內臟壞死而導致生命的危險。

疝氣可以發生在肚臍下，鼠蹊部、大腿部或者是骨盤部，也可能發生在開過刀之後的傷口部。無論其發生的原因為何，疝氣發現了之後，是應當要開刀來校正的，否則美容事小，時常疼痛甚至於會危及生命事大。目前，無論你有的是那一個部位的疝氣，醫生都能夠幫你校正的。

開刀之後，有一段時期，病人應該切忌太用力抬舉東西，或增加腹壓，否則術後疝氣再發，就會越難處理了。

第十一節　四肢的美容問題

在上一章，曾經談過一個最常有的四肢部分的美容問題，那就是蜘蛛網狀血管的問題以及靜脈瘤的問題，同時也提過關於青春痘及黑斑、雀斑的問題了。在此，作者就把這些問題，在以下各節分別敍述。

一、四肢的曲線問題及所謂「蘿蔔腿」及「痲雀腿」

提到四肢的曲線問題，很多人會批評說太極端了，因為他們認為曲線問題講到胸部、腹部及臉部已經夠了，那裡還管得了四肢呢？其實不然。人類講究曲線，不只包括到臉形及胸腹部，而且也應該講求臀部，大小腿部以及上下臂的美麗才是。

不知多少人，無法穿著短袖衣服，因為上臂太粗，或下臂太細；無法穿著緊身褲子，因為大腿或臀部太大；不敢穿游泳褲或短裙子，因為小腿太粗或者太細，穿起來不好看。所以，四肢的問題也是滿重要的。

首先談一談有關臀部的問題。西方人的臀部問題最多的是臀部太大，尤其黑人的臀部，不但太大，而且又蹺起來。有些人對這種臀部覺得羨慕，不過，大部分的人都不喜歡這樣子的臀部。

對於這樣的臀部，利用脂肪抽除法是可以改正的。切口在臀部的下方及上外側部分，由一個一公分大小的切口進入，利用抽脂鋼管，可以把臀部的曲線改變得很完美。

還有一些人是臀部下垂症。對這種問題，唯一可行的方法，就是臀部提升手術。由臀部下方至大腿外側，開一條大約半呎長的切口，然後利用美容的原理，能夠把臀部加以提升。這種開刀，差不多需要三個小時，術後每邊臀部，都有一條很長的疤痕。不過大部分的疤痕都能夠以內衣褲遮蓋住。

疼痛兩個星期之後，曲線就會改變得迷人了，何樂而不為呢？

有一些人沒有臀部，或者臀部太小，這在東方人是比較多。對這個問題，醫師能夠依照個人的需要，裝入體積適合的矽質囊或矽質體來隆臀。手術並不怎麼困難，效果也十分可靠。有此需要的讀者，大可嘗試。

其次談到大腿的問題。大腿外側肥胖者，一半是因為遺傳，一半是因為肥胖的關係。這個部分的脂肪如果太多了，不但曲線不好看，而且無法穿一些緊身一點的褲子。手術的方法，是脂肪抽除術；抽脂管可以由腰部或臂部下方進入，其副作用少，效果甚佳，與腹部抽脂術並名為兩大西方人抽脂最多的部位。

至於大腿內側太肥胖者，則大部分因為本身肥胖的關係。這個部位積存了太多的脂肪之後，病人就無法合攏雙腿，而且造成了行動的障礙與畸型。治療的方法是抽脂術。導管進入的位置是在鼠蹊部及膝內側部，方法簡單。抽脂後，一定要遵照醫師的意思穿著緊身褲襪，以繼續保持良好的曲線。

緊接的問題，是上臂部肥胖的問題。上臂部如果太大了，一些時髦的衣服，短袖的上衣，都沒有辦法穿上。一個人有這個問題，跟他的遺傳及肥胖都可能有關係。對於這種情形，輕的可以應用脂肪抽除術來解決，嚴重者，則必須以開刀的方法，在上臂內側開了一個「丁」字形的開口，把多餘的皮膚與脂肪都除去，才能夠達到期望的效果。

膝部肥胖症，也是另一個時常看到的四肢部的問題。目前我們有多種不同大小的抽脂導管，可以容易的，用來校正膝蓋部位的曲線。術後必須使用膝部鬆緊帶達六個星期之久，術後效果奇佳。

接下來要談的是小腿的問題。常聽人抱怨說，他們有「蘿蔔腿」。其實所謂的「蘿蔔腿」，就是小腿太粗、太胖，直直的、沒有曲線。對於這個問題，現在是可以用抽脂的方法來改正了。抽脂管從膝蓋後方進入，可以依照需要的情形，把小腿部的曲線再造。

不過，小腿部位的抽脂是比較疼的，而且也腫的比較久，這一點受術者應該事先明瞭，安排術後一大段的休息時間才行。術後也需要把雙腿抬高、加壓、休息、按摩及適量的運動，才能夠使效果良好。

至於「痲雀腿」的問題，恰好與上述的情形相反，小腿部也是直直的，沒有曲線，又是瘦瘦的，像支樹枝，也是不好看。對於這個問題，現在有兩種方法。

第一種方法是脂肪移植。由腹部或其他地方，把脂肪抽出，放入小腿部來增加腿肚部分的曲線。

第二種方法則是裝入特別量製的小腿矽質體。醫生必須在膝蓋後部開一個三公分大小的切口，把這個矽質體裝入。手術方法並不怎麼困難，效果也很好。不過，矽質體是人體外異物，異體排斥現象，雖然少還是可能會發生，這是受術者必須明白的事情。

二、雙手的老化現象

「雙手也會老化嗎？」這個答案是肯定的。我們可以把一隻少女的手與一隻七十五歲老太太的手放在一起，互相比較；無論用肉眼去觀看，或者用雙手去撫摸，都可以很快的，分別出其不同之處。每一個人，年紀一大，手背的皮膚就會變得很薄，而且很多皺紋；還會產生骨頭畢露的現象，這是因為指骨之間的脂肪消失了的原故。這雙骨瘦如柴，而且皺紋斑斑的雙手，就是典型的雙手衰老現象了。

對於這種雙手衰老的問題，目前，我們的方法是分期進行治療。

第一期需要做的是「脂肪移植術」。把需要的脂肪從腹部或大腿部取出，經過特殊的沖洗手續之後，移植注入指骨之間。普通一隻手背，需用三十至五十西西的脂肪。當然，在脂肪移植之後，每一個人還須注意保養，譬如，按摩，或超音波治療等等。

第二期的治療要在一個月之後才可開始。這實在就是手背皮膚的治療，包括去斑，以及輕度的化學脫皮或雷射脫皮；當然皮膚防晒及皮膚保養也應該同時進行的。

經過治療後的雙手，最好能夠停止陽光及化學與機械的繼續損傷，這樣才能夠達到滿意的結果。

三、四肢的疤痕及畸型——兼談卡介苗後的變態疤痕瘤

四肢的地方，因為不時運動，所以受傷後的疤痕，常常會變得很難看。這個現象，尤其容易發生在拉力比較大的地方，譬如肩膀地方、手肘部、手腕部、膝蓋面及腳後根部分。在這些地方，如果受傷了，譬如，割傷、擦傷或燙傷之後，常常會長成十分不雅的疤痕。有時這些疤痕，還會繼續生長，而變成所謂的「疤痕瘤」（Keloid）。

一些朋友，在他們兒童時期，在肩膀上打過卡介苗（BCG Immunization）。幾年之後，這個卡介苗不但不平滑，而且反之長成了很不雅觀的「疤痕瘤」，十分惱人。

治療這些「疤痕瘤」的方法，必須分為兩期。

第一期是專門對這些凸起的疤痕而做的。在疤痕瘤形成的時期，或者是疤痕瘤肥腫得很厲害時，可以用藥物直接打入皮內疤痕瘤裡面，來軟化它，也同時用來停止它的繼續惡化。打針之後，應該再加上壓力及使用矽膠片（Silicon Gel），來壓平這個瘤腫。

至於第二期的工作呢，就是把整個疤痕瘤除去。然後，從身上的其他部分，拿一塊全層

的皮膚，來做皮膚移植手術。以任何方法來治療這種特殊的問題，雖然成功了之後，還是可能看見疤痕，不過比起原來的「疤痕瘤」，是很大進步了。

至於四肢的畸型問題，譬如，太多指頭啦，或指頭異位啦……等等。以現今進步的醫學，是能夠一一解決的。

因為問題的不同，以及厲害程度的不等，手術的方法，可能有所不同。讀者如有這方面的特殊問題，必須當面與你的醫師討論與會診，才能夠決定其特殊的治療方法。

四、附屬手指、腳趾的問題

許多人在四肢手指或腳趾的旁邊，再多長一根或半根指頭出來，尤其最常見的是長在大拇指、大腳趾或是小指頭的旁邊為最多。

這種附屬指頭的問題，如果發生在手指上，不但其外觀不好看，而且行動上也受了極大的影響。發生在腳趾上呢，雖然能夠隱蔽起來的機會比較大，可是穿起鞋子來就十分不方便了。這些畸型都是需要利用外科的方法來加以治療的。

醫生們目前可以利用開刀的方法或是使用雷射方法來為你去除這些多餘的部分。

開刀之前，醫師會小心考慮到那一個部分可以移去，那一個部分需要保留，要怎麼樣保留法，因為這些附屬指頭都是從關節部分直接長出的；如果拿得不對，可能會造成以後功能上的缺陷的。

受術者也應該好好的聽醫師的解釋，術後需不需要包石膏?指頭上面有沒有穿鋼線?包石膏需要包多久?鋼線需要穿多少天?那些活動需要禁忌?術後需不需要復健等等。

手術之後，一定會有傷痕，到底這些傷痕是長在什麼地方?有時候癒後的傷痕是很顯眼及不雅的。這些事情，每一個病人必須很小心、詳細的跟醫生問清楚，然後才可以考慮是否接受手術。

附屬指頭的畸型問題，目前大都可以很容易的解決的，只是術後需要一段時間的保養就是。

第十二節　皮膚的美容問題

青春痘及黑斑的問題，幾乎佔了整個皮膚美容問題的百分之六十以上。這些問題已在第二章裡提到了，在此不再重述。以下就其他的皮膚問題討論一下。

一、老化皮膚的問題

每一個人，年紀越大，皮膚就變得越薄，皺紋也越多，再加上經年累月，遭受陽光及紫外線的摧殘結果，皮膚上會產生隆起的，或是沒有隆起的斑點及斑塊。這些問題，也就是大家忙著找醫師求助的「皮膚老化」的問題了。

對於這個問題，醫師們已嘗試過多種的方法來解決。

一、使用開刀的方法來去除皺紋，這也就是拉皮術。這在頭部、臉部、四肢及腹部都可以做，效果不錯。不過，手術大，當然也有其危險性存在。

二、利用細小的針，打入矽膠（Silicon liquid），或是纖維素（collagen），來填補小一點的皺紋進而去除小皺紋。或者利用脂肪移植的方法來去除比較大一點的皺紋。利用這個小手術的方法，也可以為病者解決了一些不受喜歡的皮膚問題。

三、使用脫皮術治療。醫生利用機械磨皮，化學脫皮或是雷射脫皮，把有皺紋的老化皮膚上的表皮層除去，讓它重新長出沒有皺紋的新皮。不過這新皮雖然沒有皺紋，可是很可能發生不等程度的色素而造成白斑或黑斑的現象。

有時新皮會產生超等程度的新陳代謝而造成「疤痕瘤」的現象，這就弄巧成拙了，這個現象在東方人比較容易發生，所以東方人應該特別小心這種治療方法，我常常建議病人先做一小塊皮膚試驗，確定沒有問題之後，才做全面治療。在脫皮術當中，麻煩最少的是使用藥膏或藥水做輕度的化學脫皮，這其實就是普通市面上可見的所謂去皺紋的藥膏或是目前流行的「唯他命A酸」（Retin-A）等等了。在使用藥膏時，切忌心急，一定要有耐心，而且也要同時繼續的做皮膚保養，才能達到預期的效果。

二、疤痕及皮膚腫瘤

皮膚由於外傷的原故，常會留下了疤痕。美容的定律告訴我們，如果皮膚受傷的方向與皮膚的自然紋路是平行的話，疤痕就會比較小；否則如果傷口的方向與皮膚自然紋路越垂直，就會發生越不雅觀的疤痕。

另外，加上本身的特殊體質，傷口發炎與否以及受傷的厲害程度，有些人更進而產生了令人不悅的「疤痕瘤」（Keloid）。對這些疤痕，時常須要再次開刀，利用「全層組織轉移法」或是植皮的方法，來修改這些疤痕。

有時皮膚上面長了一個腫瘤，尤其這個瘤是長在臉上，而且體積大了一點，那麼想把這個腫瘤切除，就應該小心行事啦。

事前必須與醫生商量切除的方法以及可能留下的疤痕，還有，會不會產生畸型?需不需要做組織轉移或皮膚移植等等，當然，術後應該遵照醫師的指示，保養皮膚，注意不要受傷及不使它發炎，這也是十分重要的。

在皮膚的腫瘤當中，也時常會看到惡性瘤的，尤其是「黑色素皮膚癌」（Malignant Melanoma）是其中最惡性的一種，主要是因為它發現得遲，漫延得又快的原故。「黑色素皮膚癌」可以發生在皮膚的任何一個部位，不過常見於常受慢性傷害或刺激的部位，或見於經常接受陽光曝晒的地方。這種癌在開始的時候，就像一顆痣，普通它的邊界較不明顯，也較不規則，長大的速度快，腫瘤的表面粗燥，有時會流血。

「黑色素皮膚癌」與陽光及紫外線有著極密切的關係。住在陽光地帶的人，請接受作者的一個忠言勸告，外出之前應該塗用「防晒油」（Sun Screen），來減輕罹患「黑色素皮膚癌」的危險。

我的肩膀上有一顆黑色的痣，怎麼樣才知道是好或是壞的？要怎麼樣拿掉才好呢？這是醫生們常被問及的一個問題。其實，醫生也是無法用肉眼來確定這個痣是不是癌症的。如果痣的表面不平，界限不明，顏色不均勻，又繼續在長大著，就會使我們懷疑這是不是癌症了。如果一顆痣生長在時常會被受傷或被刺激的地方，譬如肩膀上、頸子上，男人常常需要剃鬍子的下巴上……等等，也應該要十分小心的，因為持續的傷害，也可能把一顆良性的痣在幾年之後使它惡化的。

至於治療的方法，有很多種，可以用開刀的方法來切除它；也可以使用乾冰，電灼或雷射的方法來去除它。不過最重要的一點是，只有病理切片檢查，才能夠診斷是不是惡性瘤。如果懷疑是惡性痣瘤的話，一定要請你的醫師把切除的痣瘤送去病理檢查才能得到解答。如果不幸這是顆惡性皮膚癌的話，醫生會更詳盡的為你解釋如何進一步治療的問題。

第十三節　性器官的整形問題

一、陰道鬆弛症

陰道是居於子宮至外陰部之間的一條通道。陰道的功能很多，它是月經的儲藏處，是卵子受胎的場所，是胎兒出生時必經之地，也是性交作用的地點。

它的橫切面構造由裡向外介紹分別為：①陰道壁（即陰道黏膜層），②黏膜下層，③陰道腺體層，④肌肉層。陰道的外圍因為有肌肉層包圍著所以通常都被肌肉壓得扁扁的。這層肌肉是由自主神經以及反射神經控制著，利用肌肉的緊張與放鬆，可以控制腺體的分泌，生產功能的進行以及性興奮與性交功能的進行。陰道可以因為肌肉鬆弛，或肌肉纖維斷裂；而造成所謂的「陰道鬆弛症」。

陰道的上方是膀胱，下方是直腸。當陰道鬆弛症發生了之後，以下的徵候就會應運而生了，那就是，頻尿症、膀胱虛弱症、膀胱炎，甚至腎臟炎，有些人每五至十分鐘就需上廁所，無法忍尿，有時又無法尿尿，晚上無法安眠，便秘症以及最害人的性冷感症及性無能症等等。因為肌肉鬆弛，陰道無法收縮及緊張，陰道壁也平滑了，原來的皺紋消失，性樂趣也減少了，膀胱及直腸開始由陰道跑出來，有人甚至掉落到外陰部的外面而造成陰道潰瘍，加上膀胱炎、尿道炎等等疾病；一個人到這種地步，單就治病已經不夠時間了，那裡還有心情及意念去談什麼性愛及樂趣呢？女性因而不喜閨房之樂，很多女性不敢向醫師談起，所以只好讓問題越發嚴重了。

醫師對這些問題是能夠治療而使之痊癒的。治療的方法是利用開刀方法，把陰道縫緊一點，同時把陰道外圍的肌肉修補而且縫緊。開刀之後，不但百疾治癒，而且最讓我心悅的是能夠看到了許多歡天喜地，感謝莫銘的丈夫。

開刀須時一個半小時，術後陰道必須停工兩個月，這是最重要的一點，否則發炎了，甚至於傷口斷裂了，那就得不償失了。

至於可能發生的後遺症，簡單敍述於下，以供大家參考。

一、開刀後幾天，可能會發生小便困難的現象，對這問題，有時須要短時的導尿以及藥品的治療。

二、「術後膀胱炎」。這問題發生得少，最重要的是，在術前如有膀胱炎或尿道炎，應該先治療好了才開刀。抗生素也是可以用來預防這個問題的發生。

三、在術後的頭幾次性交，丈夫可能會覺得太深太緊而格格不入的感覺。這種情形，普通幾次的忍耐之後就不會有問題了。有時醫師也可以利用儀器來替你做一些舒暢工作的。

四、產生「膀胱或尿道與陰道之間的通管」。這是比較麻煩一點的後遺症，不過發生率只有百分之一。如果不幸發生了這種後遺症，醫生是可以治療改正的。

總之，這是一個相當成功的開刀方法，利多弊少，效果奇佳，作者認為有值得向大家推薦一下的必要。

二、處女膜再造術

處女膜是一個很神秘的器官。這是一個自古以來被用為評估一個女性貞操的器官。其實很多人，就是連女性本身在內，也不知道這是個像什麼樣的東西，而且常常有人找不到它呢？

處女膜的位置是處於陰道的出口處，也就是由外陰部進入陰道的入口點。這本來就是陰道內壁在它末端的一個集合點。它的形象，每人各有不同的；有的人表現為一層不完全封閉的陰道狹窄出口，有的人則表現得像屋簷邊界那樣凹凸不平的防界口似的。

其實這本來就是陰道的出口，因為要有其保留陰道內分泌物或月經的能力，這個出口本來就應該比陰道的直徑為小，又因為這個壁膜本身沒有肌肉存在，所以它不能脹脹縮縮的，它一遭受到拉扯的力量後便會被撕裂了，一經撕裂之後，就無法再收緊回來。

所以處女膜一受創裂之後，就不會再復原了，而且又因為它裡面有細小的血管存在，所以在受傷之後的短暫時期，它會流血的，不過，這只是些微細的血管，一經血管收縮，流血馬上會停止的。

西方女性們，喜歡使用月經棒，這根月經棒，在吸入月經之後，便膨脹得很大，所以少女使用月經棒之後，處女膜大部分都會遭脹裂。當然第一次性交之後，只要穿過陰道口，也會發生同樣的情況，處女膜會被脹裂，而且會流出微量的血液。

東方人的社會裡，還是一直對處女膜萬分的重視，小姐如果因為某種原因，處女膜破裂了，而希望再造，醫生是能夠幫忙達成其願的。

很多西方人醫生們會嘲笑東方人做這種手術，他們認為這是一種無謂的手術，可是東方的社會裡卻認為不然。日本的美容醫學統計，目前這種手術還佔著整個手術的百分之一。

三、包皮的問題——一個男、女性皆可能有的問題—

提起包皮，大家就認為是在講男性，因為它是一層包在陰莖外面的皮膚。很少人知道，女性也有包皮，它是包在陰帶外面的一層皮膚，它有時也會有問題。所以值得我們在此討論一下。

每一個男孩子，出生之後，在他們的陰莖外面都包有著一層長長的皮膚，這層皮膚就像被單那樣子，把龜頭部分也都蓋住了。

大部分的人，在龜頭部分的包皮會慢慢鬆弛，而將龜頭慢慢暴露出來的。如果這層被單一直不退下去，便會造成許多衛生上的困難，因為尿水、分泌物或者精液會積存在龜頭的底部，也都被包在包皮的裡面，久而久之，便會開始發炎，極不衛生。所以猶太人希望他們的兒子出生之後就割除包皮，這對衛生原理來講是有根據的。

近年來的許多科學研究報告說，沒有割除包皮的男人，他們的對象有較大的機會發生子宮頸癌症的病例。

以上提過，雖然在嬰兒時期，每個男子都有包皮，不過百分之九十以上的人，長大了之後，每當陰莖脹大時，包皮就自然的退後到龜頭的底部，所以就沒有包皮過長的問題了。百分之十的男人，當陰莖揚起時，包皮還是繼續包含著龜頭，造成了極大的不適，不但勃起時疼痛、變形，而且經常會發炎，生癌的機會增多，太太得到子宮頸癌的機會也增大。所以，男性割除過長的包皮是應該的。

至於女性呢?陰蒂外面的皮膚也是像被單那樣子蓋著陰蒂。當興奮時,陰蒂脹大了,陰蒂預端部分就會暴露到包皮的外面,這時陰蒂只要承受些微的刺激,便會替你帶入高潮。但是有些女性,因為包皮太長了,或是沾黏得太牢了,即使陰蒂脹大了,包皮還是緊緊的蓋著它,所以,反應就遲鈍了一些,或者根本就沒有接受到刺激,不反應了。

醫師可以把陰蒂頂端的包皮切除,這樣子陰蒂部分就毫無保留的暴露著,百分之百的承受到所有的刺激,於是便容易造成高潮迭起的現象了。不過,有些人開刀之後,暴露太多,陰蒂連蹝到內褲的摩擦也受不了,那就弄巧成拙了。

至於割除包皮的方法是不很困難的。利用局部痲醉或全身痲醉的方法,醫生可以把多餘的一段包皮割除,同時也注意把包皮與龜頭部分的沾黏部分撥離清楚,然後用羊腸線縫合起來即可。普通術後需要一至兩天的休息,效果十分良好,讀者大可放心而為了。

四、陰莖的問題

陰莖不但是輸尿管的外體,而且是性交功能的主角。所以陰莖不愧稱為男性的象徵。自古就有許多傳說，有關如何觀其貌相就知其形狀及大小啦，或是那種運動，那種食物或藥物能夠補陽……等等。

很少聽人抱怨說他的陰莖太長了，不過為了陰莖太小而苦惱的人，却是大有人在。還有些人，因為體內荷爾蒙分泌減少，或是服用某些藥物，或是因為攝護腺手術的影響，變成了勃起不能或不強的狀況。這就是今天醫生常常會遇到的問題。

醫學的進步，對於這個問題，也有了很多解決的辦法，茲為讀者簡介于後。

首先，醫生已經有辦法來診斷，分別出你的陽萎是因為生理的原因，還是心理方面的因素。如果這純粹是由於心理造成的，那麼只好依靠心理專家的心藥來醫治了。

其次，醫生可以使用一種藥物，局部注射，來做救急之需。醫師能夠在陰莖部分，注射藥物，使你繼續勃起達八至十個小時之久而不衰。這種治療的壞處是，每一次都須要打針，而且每一次都須找醫生，不太方便，也不好意思了。

另一種治療的方法就是裝上人工陰莖。人工陰莖是以矽質體製造的。現在共有兩種形式的人工陰莖，一種是被動式，另一種是全自動式。

全自動式的一種，是在陰莖部分，裝入一個氣管式的人工陰莖，這個管子與陰囊部分的儲水槽相連結。當性交時，由於儲水槽的收受壓力，裡面的儲水被壓入陰莖的導管內，而使陰莖勃起，每當性交完畢之後，只要按上一個特別的按扭，水便會自動流回儲水槽內，那時陰莖便會縮小了。這種裝置十分昂貴，開刀的手續也很痲煩，併發症的機會也較大。

所謂被動式的一種，就是直接在陰莖裡面裝入可拆的棒狀矽質體人工陰莖。方法簡單，價錢也比較便宜一點。不過不太方便一些，無論什麽時候，總是那麽大，毫無伸縮的餘地，有些人裝入之後真有選擇衣著的困難了。

不過，依據作者的經驗，還是以選擇後者的人為多。

最近醫生已經可以利用脂肪移植的方法來增長陰莖，這種最新的方法，將會是男性一個最好的福音。作者以後將會另外專闢一章來討論這個問題。

五、睪丸的問題

每一個男人都有兩個睪丸，這是男性荷爾蒙的出產地，所以，這也是一個很有份量的器官，它真是男性「性」的代表。

有少部分的人，因為先天性的畸型，或因為服用某些藥物的關係，或是因為某些疾病、外傷或某些手術，必須把睪丸切除，而變成了一邊或兩邊的缺睪問題。

今天，我們有不等大小的人造矽體睪丸，利用簡單的手術方法，可以把它裝入陰囊內，傷口癒合之後，天衣無縫，男性的魄力也就再重現了。這可說是男性的一個大好福音。

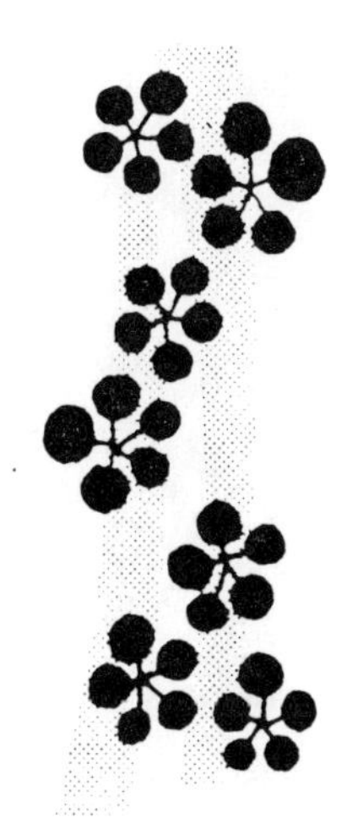

第四章　問題簡答

問：五年前，我曾在台灣做過「打針隆乳」。現在兩邊乳房都長出一大群的硬塊。右邊還比左邊多，怎麼辦？

答：所謂「打針隆乳」，就是打入液態矽膠（silicon），在乳房裡面，用以達到隆乳的目的。經過了五年的歲月，不但這些矽膠移位變形了，而且由於矽膠對附近組織的刺激，往往發生硬塊及瘤腫。這些硬塊，往往與乳癌很難區別。

對你的這種問題，第一步是要做乳房X光攝影，然後進行乳房腫瘤塊切除術。切除了的硬塊，一定要全部經過病理切片檢查。所有的硬塊一定要統統鑑定過，確定是沒有癌症現象了，才可放心。

普通在這些硬塊全部消除之後，乳房就會變成空無一物了，醫師能夠在同一次的開刀當中，裝入最新品質的隆乳囊來替你回復隆乳的效果。

作者在此奉勸大家，千萬不要再接受所謂用打針來隆乳的這種玩意，這是現代美容外科最反對的一個落伍而且危險的美容方法。

問：本人現在有一個兩歲大的女兒，四、五年之後，想再生一個小孩子。像我這樣的情形，可以不可以作隆乳手術？我最關心的是，隆乳之後，會不會影響生小孩子時哺乳的問題？

答：隆乳之後六個月，乳房就可以發揮百分之百哺乳的功能了。普通當一位女士這樣告訴我的時候，我會建議她使用腋下或是乳下的切入口方法，因為這兩種切入口，完全沒有牽連到乳腺，最沒有什麽影響哺乳。不過，這並不是說由乳暈處的切入口完全不可以做，只是有時在哺乳時期比較有機會產生乳腺腫脹的問題而已。

問：隆乳之後，再生兒育女，有沒有什麽關係？

答：每一個女人從懷孕末期一直到生育、停止哺乳為止，乳腺都會有急劇膨脹的現象。當餵乳停止之後，乳房便會逐漸縮小；這些包圍在乳腺外面的皮膚，就會像肚皮一樣；產生了皺紋或下垂的現象。至於嚴重的程度，則是因人而異。

隆乳之後，如果生育子女了，也會產生這種皺紋以及下垂的現象。所以，有些太太雖然已經隆乳了，他們還希望在最後一個小孩哺乳完後，再來一次最後的隆乳手術，這是很合邏輯的事情。

問：我本人很想做隆乳手術，而且，從你的文章當中也知道可以選擇三種不同的切入口，到底那一種切入口最好，可不可以請你再做一個分析。

答：三種切入口都各有其不同的利弊的。最簡單的切入口是乳房下的切入口，如果是第二次以上的隆乳手術，醫師常常希望使用這一種切入口，不過這種切入的疤痕口比較明顯一點，有時可以在乳暈下沿看得到。很多人希望在腋下做切入口，不過這一種切入口在術後比較疼痛一點，痛的時間較長一、兩天，開刀也比較困難一點，有些醫師根本就告訴病人不要考慮這一種切入口。作者本身最常鼓勵病人做這一種切入口。不過，最多的還是從乳暈周圍進入的開刀方法。

問：我的同事是一位三十歲的小姐，她很想在大腿及小腹部做脂肪的抽除的手術。請問她要請多少天假才行？

答：許多上班的小姐，選一個星期五下午，或星期六早上來做抽脂手術，星期一就可以回公司做一些辦公室的工作了。不過，這還須要隨著各人的情況而不同的。尤其痛的感覺，每個人是各有不同。在普通的情況下，抽脂後才三天就可以做一些輕鬆一點的工作了。

不過，術後一定還要遵照醫師的指示，穿上緊身褲襪以及做運動才行。

問：楊醫師，從你的文章當中，我知道你一次抽油不超過二千西西；不過，我的體格比較粗壯，是不是我可以多抽一點？

答：每一個人的循環體積差不多四千到五千西西左右。當然體格構造的大小是造成循環體積大小的一大因素。脂肪如果抽去太多，是會造成危險的。多抽一、兩百西西是可能做得到的，不過你不應該要求你的醫師，一次抽除太多的脂肪，因為不良的後果，常常是因為這種固執引起的。

問：聽朋友說，最近有些醫師開始使用「用一次就丟掉」的管子來抽脂肪，是真的嗎？到底有什麼好處？

答：這就是所謂的「Disposable」管子。每一支都是全新的、消毒過的，而且用完就丟掉了。這種管子的好處是比較不會感染到疾病。作者現在也都是使用這種管子來做抽脂肪手術。

問：皮下有那麼多的脂肪，一旦抽除了之後，皮膚一定會有皺紋產生的，對這些皺紋，到底該怎麼辦？

答：脂肪抽除之後，只要遵照醫師的囑咐，穿著緊身褲襪以及按摩、運動、皮膚的皺紋是不會發生的。其中一些重要的因素，當然也需要考慮，譬如：年齡不可超過六十五歲，不要抽煙，不要做太多日光浴以及不要做紫外線照射……等等，也是很重要的事。

問：抽脂肪之後，脂肪會不會再長回來？

答：會的。不過因為每一個人在二十歲之後，脂肪細胞只會新陳代謝，而不會再增加數目了。所以抽脂之後的剩餘脂肪細胞，只會跟著其他部分的細胞一起肥胖或消瘦而已。所以脂肪如果是長回來是不會一下子全部長回來的，而且速度也很慢，對於曲線的影響不會很大。

問：楊醫師做不做處女膜的手術？

答：我會做的。一些性器官的美容手術，譬如：女性陰道鬆弛症、處女膜再造、女性包皮、男性陽萎及包皮……等等手術都可以做的。不過，因為這些問題不宜給未成年人閱讀，所以作者沒有在報章上發表。這些手術會歸納成特別的一章，供讀者索取，也會在不久之後作者所出的美容特刊上介紹。

問：鼻部美容手術後，會不會腫？

答：鼻部美容手術之後，腫脹的時間較長，大約兩、三個星期；而且醫師還會在鼻子的上面放上一塊石膏或硬膠板。作者，通常都告訴病人須要休息七至十天才可以。

問：我的鼻子是很高，不過鼻子太粗，前端太肥，這該怎麼辦？有救藥嗎？

答：有的。你的情形，不是用普通日式隆鼻的方法裝入矽膠體可以解決的，而是須要從兩邊的鼻孔進入，把肥胖的鼻頭加以修改才可以的。以現在的醫學技術，你的鼻子是能夠修改美容的。

問：我在嘴唇上有許多微小的皺紋，以前曾經打過Collagen（組織纖維素）。不過一次只能保持兩、三個月而已，而且費用又十分昂貴，請問有沒有什麼其他的辦法？

答：這些微小的皺紋，可以用小針美容的方法，在皮內打入液態的矽膠。很多人對小針美容是談之色變，包括作者本身在內。不過，這是唯一的例外，使用少於零點五西西的矽膠只打在皮內，來消除皮膚上的極微小的皺紋，是不會有什麼不良效果的。可惜藥品管理局現在也是禁止了。目前作者除了使用自己纖維素之外，也常用輕性化學脫皮的方法。

問：從楊醫師的文章裡面，知道在拉臉皮時，需要切了一條很長的開刀切口，雖然，一大部分的開刀口是藏在頭髮裡面，不過耳朵的前後以及下方的開刀痕跡，以後會不會相當明顯，看得很清楚呢？

答：你的敍述是對的。耳朵前、後及下方部分的開刀痕跡，普通幾個月的時間會顯成紅色，以後就會慢慢消失掉的。既使是紅色的痕跡，普通用化粧的方法即可以掩飾過去的。讀者們可以仔細觀察多少個總統夫人、名人或明星們，有幾位可以在電視上看出拉過臉皮的痕跡呢？總之，這些痕跡，普通不會有什麼大問題的。

問：我知道年紀一大就需要拉臉皮，請問每隔幾年就要拉一次臉皮？

答：這要看每一個人的情形而各有不同。普通接受拉臉皮手術的人，大都在中年以後，四、五十歲左右的人最多。至於多久須要拉一次臉皮，這更是隨人而異了。普通拉一次臉皮可以保持五至十年。

問：醫生，我的臉部還很豐滿，皮膚不算很鬆，可是我的眼尾部分卻有不少的皺紋。這些皺紋，並沒有因為最近我上、下眼皮的開刀而減少，我該怎麼辦？

答：這位讀者，你的醫師可能已經在手術前告訴過你，上、下眼皮的開刀，並沒有什麼辦法除去你眼尾部分的皺紋的，反而有些人甚至於會增加一點眼尾部分皺紋的明顯性。只有在眉毛上方或是在頰部的小型拉臉皮才能夠改正這個毛病。當然，在沒有這種小型拉臉皮之前，你應該是可以使用化粧技巧來掩蓋這些你不希望的皺紋的。

問：本人四年前在台灣開雙眼皮。今年年初開始，兩邊眼睛的後端雙眼皮又開始消失不見了。最近越來越厲害，尤其早上起來後，整個上眼皮都覺得腫起來了，又很鬆，整個眼睛都變成單眼皮了，怎麼辦？

答：這位讀者，你的問題是因為上眼皮鬆弛所引起的。眼皮一鬆，本來十分漂亮的雙眼皮，就會覺得雙眼皮漸漸消失了。而且這些問題，普通是從眼角部開始的。對這種問題的處理方法是，把鬆弛的眼皮除去，尤其眼尾的地方有一塊多餘的皮膚，如果不把這塊皮膚拿去，眼皮還會繼續下垂。拿去皮膚之後，醫師還是會再把雙眼皮縫回去的。開刀之後，不但雙眼皮又回復了，而且疲勞眼也會同時改進的。

問：一位朋友告訴我說，雙眼皮並不一定需要開刀的。醫師可以用針線縫合就好了，有沒有這回事？

答：確是有這回事的。雙眼皮的造成，可以用一種很簡單的手術方法來達成，這就是所謂的縫合法。醫師只須在上眼皮上打了幾個很小的洞，縫上數線，即可達到造成雙眼皮的目的了。這些線是會繼續埋在眼皮內的。不過，用縫合法造成的雙眼皮，比較容易消失掉，而且又沒有辦法去除多餘的皮膚或脂肪。在手術當中，比較上是比真正的開刀做雙眼皮的方法更痛一些。施術時間是比較短。普通我們只施用於較年輕又沒有多餘皮膚或脂肪的人。

問：五個月前，我有過眼袋的手術。現在我的下眼皮睫毛外翻了，應該怎麼辦？

答：眼皮外翻，是眼袋術後一種常見的後遺症。發生的原因是因為，眼皮內的組織拿出了很多，切口線又很近睫毛部所引起的。治療的方法是很小心的再次開刀，術前詳細與你的醫師研究你的情形，術後還須做眼皮的按摩運動。大部分的情形，都可以改進的。

問：近年來，我全身都長胖了。請問是不是可以用抽脂肪的方法來減肥？一次又可以減少多少磅呢？

答：抽脂肪的方法，不是用來減肥的，只適用於改進身體的線條。身體一旦長胖了，大部分的人，就是節食及減肥了之後，肚子以及大腿的地方卻一直隆腫不退，令人困惱異常。在這種情形下，抽脂肪是有效的。

抽脂手術可以幫你把這些費心費力無法去除的脂肪抽去，再經過鬆緊褲襪的幫忙，你的曲線會變得更漂亮，會使你變得十分滿意。不過，請你不要把抽脂當成減肥之用，而且一次抽出的脂肪，最多也不過六至七磅，對於減輕的體重效果也不顯著的。

問：因為胸部發育得不如理想，隆胸的念頭，已在我心裡頭存在了將近六、七年。聽朋友談起，說隆胸之後，乳房會變硬，是不是確有這回事？

答：隆乳美容是一種相當流行的美容手術。歐美女性，至今還是趨之若鶩。唯一遺憾的是有時候義乳會發生硬化現象。硬化其實是綜合異體排斥現象以及人體恢復反應的一種總合成果。如果義乳發生硬化現象了，是可以再用手術方法把硬化了的義乳拿去，而且換一個義乳的。對於硬化的問題，預防是勝於治療的。

第一，你的醫師會介紹你一種最新種類的粗糙表面隆乳囊。因為這種隆乳囊義乳發生硬化的機會較小，第二，你應該遵照醫師的指示，在術後做按摩運動，勤而不懈。如果遵照以上的原則，義乳硬化的機會只有三十分之一，你就可以安安心心的去做隆乳手術了。

問：自從生了兩個小孩之後，我的乳房開始萎縮，而且下垂得十分厲害，自己看得就有點噁心，何況我的先生。請問有什麼補救的方法。

答：乳房下垂是一個通病。這是因為懷孕之後，乳腺急速發展，以備哺乳之用。生了孩子之後，乳腺就開始萎縮，如果你的胸肌不夠強壯，乳房就會開始下垂了。
醫學上對下垂乳房，唯有使用開刀的方法來治療。依據你下垂的厲害程度，在乳暈部位切一個圓形，有時甚至要延長切口變成一個船錨形狀的傷口，來校正這個問題。開刀之後，當然會有些不雅觀的疤痕了。
東方人大部分還接受得了乳暈部一個圓形的疤痕，不過船錨形的傷痕，就很難被接受了。這位讀者太太還提及乳房變小了的病症，作者的建議是，你需要與醫師詳談一下，他可能會建議你做隆胸手術，在手術的同時，在乳暈部為你做乳房提昇手術。經過這樣的手術，我相信你以及你的先生都會很滿意的。

問：自從第二個女兒生產之後，我就開始發現，在大腿部出現一個紅色，有時帶點藍藍的一些血管。這些血管的出現，使我沒有機會穿著時髦一點的短裙，因為它們都暴露在裙子的外面，很不好看。
請問這是不是你所說的蜘蛛網狀血管？有什麼辦法來改正這個問題？

答：是的，這就是所謂蜘蛛網狀血管。你現在的情形，應該常常使用鬆緊褲襪，否則，情形會愈來愈厲害的。至於治療的方法，是使用高濃度鹽水局部注射來治療或者使用雷射療法，須要幾次的治療。以前作者也曾在本欄內提及這種注射療法，效果甚佳，值得一試。術後仍然須要常常穿著緊身褲襪才行，以預防蜘蛛網狀血管的再生。

⑬幼兒的症狀與疾病	婦幼天地編譯組	180元
⑭腿部苗條健美法	婦幼天地編譯組	150元
⑮女性腰痛別忽視	婦幼天地編譯組	130元
⑯舒展身心體操術	李玉瓊編譯	130元
⑰三分鐘臉部體操	趙薇妮著	120元
⑱生動的笑容表情術	趙薇妮著	120元
⑲心曠神怡減肥法	川津祐介著	130元
⑳內衣使妳更美麗	陳玄茹譯	130元
㉑瑜伽美姿美容	黃靜香編著	150元

•青 春 天 地• 電腦編號17

①A血型與星座	柯素娥編譯	120元
②B血型與星座	柯素娥編譯	120元
③O血型與星座	柯素娥編譯	120元
④AB血型與星座	柯素娥編譯	120元
⑤青春期性教室	呂貴嵐編譯	130元
⑥事半功倍讀書法	王毅希編譯	130元
⑦難解數學破題	宋釗宜編譯	130元
⑧速算解題技巧	宋釗宜編譯	130元
⑨小論文寫作秘訣	林顯茂編譯	120元
⑩視力恢復！超速讀術	江錦雲譯	130元
⑪中學生野外遊戲	熊谷康編著	120元
⑫恐怖極短篇	柯素娥編譯	130元
⑬恐怖夜話	小毛驢編譯	130元
⑭恐怖幽默短篇	小毛驢編譯	120元
⑮黑色幽默短篇	小毛驢編譯	120元
⑯靈異怪談	小毛驢編譯	130元
⑰錯覺遊戲	小毛驢編譯	130元
⑱整人遊戲	小毛驢編譯	120元
⑲有趣的超常識	柯素娥編譯	130元
⑳哦！原來如此	林慶旺編譯	130元
㉑趣味競賽100種	劉名揚編譯	120元
㉒數學謎題入門	宋釗宜編譯	150元
㉓數學謎題解析	宋釗宜編譯	150元
㉔透視男女心理	林慶旺編譯	120元
㉕少女情懷的自白	李桂蘭編譯	120元
㉖由兄弟姊妹看命運	李玉瓊編譯	130元
㉗趣味的科學魔術	林慶旺編譯	150元
㉘趣味的心理實驗室	李燕玲編譯	150元
㉙愛與性心理測驗	小毛驢編譯	130元

㉚刑案推理解謎	小毛驢編譯	130元
㉛偵探常識推理	小毛驢編譯	130元
㉜偵探常識解謎	小毛驢編譯	130元
㉝偵探推理遊戲	小毛驢編譯	130元
㉞趣味的超魔術	廖玉山編著	150元
㉟		

•健 康 天 地•電腦編號18

①壓力的預防與治療	柯素娥編譯	130元
②超科學氣的魔力	柯素娥編譯	130元
③尿療法治病的神奇	中尾良一著	130元
④鐵證如山的尿療法奇蹟	廖玉山譯	120元
⑤一日斷食健康法	葉慈容編譯	120元
⑥胃部強健法	陳炳崑譯	120元
⑦癌症早期檢查法	廖松濤譯	130元
⑧老人痴呆症防止法	柯素娥編譯	130元
⑨松葉汁健康飲料	陳麗芬編譯	130元
⑩揉肚臍健康法	永井秋夫著	150元
⑪過勞死、猝死的預防	卓秀貞編譯	130元
⑫高血壓治療與飲食	藤山順豐著	150元
⑬老人看護指南	柯素娥編譯	150元
⑭美容外科淺談	楊啟宏著	150元
⑮美容外科新境界	楊啟宏著	150元

•實用心理學講座•電腦編號21

①拆穿欺騙伎倆	多湖輝著	140元
②創造好構想	多湖輝著	140元
③面對面心理術	多湖輝著	140元
④偽裝心理術	多湖輝著	140元
⑤透視人性弱點	多湖輝著	140元
⑥自我表現術	多湖輝著	150元
⑦不可思議的人性心理	多湖輝著	150元
⑧催眠術入門	多湖輝著	150元

•超現實心理講座•電腦編號22

①超意識覺醒法	詹蔚芬編譯	130元
②護摩秘法與人生	劉名揚編譯	130元
③秘法!超級仙術入門	陸　明譯	150元

④給地球人的訊息	柯素娥編著	150元
⑤密教的神通力	劉名揚編著	130元

・心靈雅集・電腦編號00

①禪言佛語看人生	松濤弘道著	150元
②禪密教的奧秘	葉逯謙譯	120元
③觀音大法力	田口日勝著	120元
④觀音法力的大功德	田口日勝著	120元
⑤達摩禪106智慧	劉華亭編譯	150元
⑥有趣的佛教研究	葉逯謙編譯	120元
⑦夢的開運法	蕭京凌譯	130元
⑧禪學智慧	柯素娥編譯	130元
⑨女性佛教入門	許俐萍譯	110元
⑩佛像小百科	心靈雅集編譯組	130元
⑪佛教小百科趣談	心靈雅集編譯組	120元
⑫佛教小百科漫談	心靈雅集編譯組	150元
⑬佛教知識小百科	心靈雅集編譯組	150元
⑭佛學名言智慧	松濤弘道著	180元
⑮釋迦名言智慧	松濤弘道著	180元
⑯活人禪	平田精耕著	120元
⑰坐禪入門	柯素娥編譯	120元
⑱現代禪悟	柯素娥編譯	130元
⑲道元禪師語錄	心靈雅集編譯組	130元
⑳佛學經典指南	心靈雅集編譯組	130元
㉑何謂「生」　阿含經	心靈雅集編譯組	130元
㉒一切皆空　般若心經	心靈雅集編譯組	130元
㉓超越迷惘　法句經	心靈雅集編譯組	130元
㉔開拓宇宙觀　華嚴經	心靈雅集編譯組	130元
㉕真實之道　法華經	心靈雅集編譯組	130元
㉖自由自在　涅槃經	心靈雅集編譯組	130元
㉗沈默的教示　維摩經	心靈雅集編譯組	130元
㉘開通心眼　佛語佛戒	心靈雅集編譯組	130元
㉙揭秘寶庫　密教經典	心靈雅集編譯組	130元
㉚坐禪與養生	廖松濤譯	110元
㉛釋尊十戒	柯素娥編譯	120元
㉜佛法與神通	劉欣如編著	120元
㉝悟（正法眼藏的世界）	柯素娥編譯	120元
㉞只管打坐	劉欣如編譯	120元
㉟喬答摩・佛陀傳	劉欣如編著	120元
㊱唐玄奘留學記	劉欣如編譯	120元

㊲佛教的人生觀	劉欣如編譯	110元
㊳無門關（上卷）	心靈雅集編譯組	150元
㊴無門關（下卷）	心靈雅集編譯組	150元
㊵業的思想	劉欣如編著	130元
㊶佛法難學嗎	劉欣如著	140元
㊷佛法實用嗎	劉欣如著	140元
㊸佛法殊勝嗎	劉欣如著	140元
㊹因果報應法則	李常傳編	140元
㊺佛教醫學的奧秘	劉欣如編著	150元

•經 營 管 理• 電腦編號01

◎創新經營管理六十六大計（精）	蔡弘文編	780元
①如何獲取生意情報	蘇燕謀譯	110元
②經濟常識問答	蘇燕謀譯	130元
③股票致富68秘訣	簡文祥譯	100元
④台灣商戰風雲錄	陳中雄著	120元
⑤推銷大王秘錄	原一平著	100元
⑥新創意・賺大錢	王家成譯	90元
⑦工廠管理新手法	琪　輝著	120元
⑧奇蹟推銷術	蘇燕謀譯	100元
⑨經營參謀	柯順隆譯	120元
⑩美國實業24小時	柯順隆譯	80元
⑪撼動人心的推銷法	原一平著	120元
⑫高竿經營法	蔡弘文編	120元
⑬如何掌握顧客	柯順隆譯	150元
⑭一等一賺錢策略	蔡弘文編	120元
⑮世界經濟戰爭	約翰・渥洛諾夫著	120元
⑯成功經營妙方	鐘文訓著	120元
⑰一流的管理	蔡弘文編	150元
⑱外國人看中韓經濟	劉華亭譯	150元
⑲企業不良幹部群相	琪輝編著	120元
⑳突破商場人際學	林振輝編著	90元
㉑無中生有術	琪輝編著	140元
㉒如何使女人打開錢包	林振輝編著	100元
㉓操縱上司術	邑井操著	90元
㉔小公司經營策略	王嘉誠著	100元
㉕成功的會議技巧	鐘文訓編譯	100元
㉖新時代老闆學	黃柏松編著	100元
㉗如何創造商場智囊團	林振輝編譯	150元
㉘十分鐘推銷術	林振輝編譯	120元

㉙五分鐘育才	黃柏松編譯	100元
㉚成功商場戰術	陸明編譯	100元
㉛商場談話技巧	劉華亭編譯	120元
㉜企業帝王學	鐘文訓譯	90元
㉝自我經濟學	廖松濤編譯	100元
㉞一流的經營	陶田生編著	120元
㉟女性職員管理術	王昭國編譯	120元
㊱ＩＢＭ的人事管理	鐘文訓編譯	150元
㊲現代電腦常識	王昭國編譯	150元
㊳電腦管理的危機	鐘文訓編譯	120元
㊴如何發揮廣告效果	王昭國編譯	150元
㊵最新管理技巧	王昭國編譯	150元
㊶一流推銷術	廖松濤編譯	120元
㊷包裝與促銷技巧	王昭國編譯	130元
㊸企業王國指揮塔	松下幸之助著	120元
㊹企業精銳兵團	松下幸之助著	120元
㊺企業人事管理	松下幸之助著	100元
㊻華僑經商致富術	廖松濤編譯	130元
㊼豐田式銷售技巧	廖松濤編譯	120元
㊽如何掌握銷售技巧	王昭國編著	130元
㊾一分鐘推銷員	廖松濤譯	90元
㊿洞燭機先的經營	鐘文訓編譯	150元
51ＩＢＭ成功商法	巴克・羅傑斯著	130元
52新世紀的服務業	鐘文訓編譯	100元
53成功的領導者	廖松濤編譯	120元
54女推銷員成功術	李玉瓊編譯	130元
55ＩＢＭ人才培育術	鐘文訓編譯	100元
56企業人自我突破法	黃琪輝編著	150元
57超級經理人	羅拔・海勒著	100元
58財富開發術	蔡弘文編著	130元
59成功的店舖設計	鐘文訓編著	150元
60靈巧者成功術	鐘文訓編譯	150元
61企管回春法	蔡弘文編著	130元
62小企業經營指南	鐘文訓編譯	100元
63商場致勝名言	鐘文訓編譯	150元
64迎接商業新時代	廖松濤編譯	100元
65透視日本企業管理	廖松濤　譯	100元
66新手股票投資入門	何朝乾　編	180元
67上揚股與下跌股	何朝乾編譯	150元
68股票速成學	何朝乾編譯	180元
69理財與股票投資策略	黃俊豪編著	180元

⑳黃金投資策略	黃俊豪編著	180元
㉑厚黑管理學	廖松濤編譯	180元
㉒股市致勝格言	呂梅莎編譯	180元
㉓透視西武集團	林谷燁編譯	150元
㉔推銷改變我的一生	柯素娥　譯	120元
㉕推銷始於被拒	盧媚璟　譯	120元
㉖巡迴行銷術	陳蒼杰譯	150元
㉗推銷的魔術	王嘉誠譯	120元
㉘60秒指導部屬	周蓮芬編譯	150元
㉙精銳女推銷員特訓	李玉瓊編譯	130元
㉚企劃、提案、報告圖表的技巧	鄭　汶　譯	180元
㉛海外不動產投資	許達守編譯	150元
㉜八百件的世界策略	李玉瓊譯	150元
㉝服務業品質管理	吳宜芬譯	180元
㉞零庫存銷售	黃東謙編譯	150元
㉟三分鐘推銷管理	劉名揚編譯	150元
㊱推銷大王奮鬥史	原一平著	150元
㊲豐田汽車的生產管理	林谷燁編譯	150元

•成功寶庫• 電腦編號02

①上班族交際術	江森滋著	100元
②拍馬屁訣竅	廖玉山編譯	110元
③一分鐘適應法	林曉陽譯	90元
④聽話的藝術	歐陽輝編譯	110元
⑥克服逆境的智慧	廖松濤　譯	100元
⑦不可思議的人性心理	多湖輝　著	120元
⑧成功的人生哲學	劉明和　譯	120元
⑨求職轉業成功術	陳　義編著	110元
⑩上班族禮儀	廖玉山編著	120元
⑪接近心理學	李玉瓊編著	100元
⑫創造自信的新人生	廖松濤編著	120元
⑬卡耐基的人生指南	林曉鐘編譯	120元
⑭上班族如何出人頭地	廖松濤編著	100元
⑮神奇瞬間瞑想法	廖松濤編譯	100元
⑯人生成功之鑰	楊意苓編著	150元
⑱潛在心理術	多湖輝　著	100元
⑲給企業人的諍言	鐘文訓編著	120元
⑳企業家自律訓練法	陳　義編譯	100元
㉑上班族妖怪學	廖松濤編著	100元
㉒猶太人縱橫世界的奇蹟	孟佑政編著	110元

㉓訪問推銷術	黃靜香編著	130元
㉔改運的秘訣	吳秀美　譯	120元
㉕你是上班族中強者	嚴思圖編著	100元
㉖向失敗挑戰	黃靜香編著	100元
㉗成功心理學	陳蒼杰　譯	100元
㉘墨菲成功定律	吳秀美　譯	130元
㉙機智應對術	李玉瓊編著	130元
㉚成功頓悟100則	蕭京凌編譯	130元
㉛掌握好運100則	蕭京凌編譯	110元
㉜知性幽默	李玉瓊編譯	130元
㉝熟記對方絕招	黃靜香編譯	100元
㉞男性成功秘訣	陳蒼杰編譯	130元
㉟超越巔峯者	C・加菲爾德著	130元
㊱業務員成功秘方	李玉瓊編著	120元
㊲察言觀色的技巧	劉華亭編著	130元
㊳一流領導力	施義彥編譯	120元
㊴一流說服力	李玉瓊編著	130元
㊵30秒鐘推銷術	廖松濤編譯	120元
㊶猶太成功商法	周蓮芬編譯	120元
㊷尖端時代行銷策略	陳蒼杰編著	100元
㊸顧客管理學	廖松濤編著	100元
㊹如何使對方說Yes	程　羲編著	150元
㊺如何提高工作效率	劉華亭編著	150元
㊻企業戰術必勝法	黃靜香編著	130元
㊼上班族口才學	楊鴻儒譯	120元
㊽上班族新鮮人須知	程　羲編著	120元
㊾如何左右逢源	程　羲編著	130元
㊿語言的心理戰	多湖輝著	130元
51扣人心弦演說術	劉名揚編著	120元
52八面玲瓏成功術	陳　羲譯	130元
53如何增進記憶力、集中力	廖松濤譯	130元
54頂尖領導人物	陳蒼杰譯	120元
55性惡企業管理學	陳蒼杰譯	130元
56自我啟發200招	楊鴻儒編著	150元
57做個傑出女職員	劉名揚編著	130元
58靈活的集團營運術	楊鴻儒編著	120元
59必勝交涉強化法	陳蒼杰譯	120元
60個案研究活用法	楊鴻儒編著	130元
61企業教育訓練遊戲	楊鴻儒編著	120元
62管理者的智慧	程　義編譯	130元
63做個佼佼管理者	馬筱莉編譯	130元

(64)智慧型說話技巧	沈永嘉編譯	130元
(65)歌德人生箴言	沈永嘉編譯	150元
(66)活用佛學於經營	松濤弘道著	150元
(67)活用禪學於企業	柯素娥編譯	130元
(68)詭辯的智慧	沈永嘉編譯	130元
(69)幽默詭辯術	廖玉山編譯	130元
(70)拿破崙智慧箴言	柯素娥編譯	130元
(71)自我培育・超越	蕭京凌編譯	150元
(72)深層心理術	多湖輝著	130元
(73)深層語言術	多湖輝著	130元
(74)時間即一切	沈永嘉編譯	130元
(75)自我脫胎換骨	柯素娥譯	150元
(76)贏在起跑點—人才培育鐵則	楊鴻儒編譯	150元
(77)做一枚活棋	李玉瓊編譯	130元
(78)面試成功戰略	柯素娥編譯	130元
(79)自我介紹與社交禮儀	柯素娥編譯	130元
(80)說NO的技巧	廖玉山編譯	130元
(81)瞬間攻破心防法	廖玉山編譯	120元
(82)改變一生的名言	李玉瓊編譯	130元
(83)性格性向創前程	楊鴻儒編譯	130元
(84)訪問行銷新竅門	廖玉山編譯	150元
(85)無所不達的推銷話術	李玉瓊編譯	150元

・處世智慧・電腦編號03

①如何改變你自己	陸明編譯	120元
②人性心理陷阱	多湖輝著	90元
④幽默說話術	林振輝編譯	120元
⑤讀書36計	黃柏松編譯	120元
⑥靈感成功術	譚繼山編譯	80元
⑦如何使人對你好感	張文志譯	110元
⑧扭轉一生的五分鐘	黃柏松編譯	100元
⑨知人、知面、知其心	林振輝譯	110元
⑩現代人的詭計	林振輝譯	100元
⑪怎樣突破人性弱點	摩　根著	90元
⑫如何利用你的時間	蘇遠謀譯	80元
⑬口才必勝術	黃柏松編譯	120元
⑭女性的智慧	譚繼山編譯	90元
⑮如何突破孤獨	張文志編譯	80元
⑯人生的體驗	陸明編譯	80元
⑰微笑社交術	張芳明譯	90元

⑱幽默吹牛術	金子登著	90元
⑲攻心說服術	多湖輝著	100元
⑳當機立斷	陸明編譯	70元
㉑勝利者的戰略	宋恩臨編譯	80元
㉒如何交朋友	安紀芳編著	70元
㉓鬥智奇謀（諸葛孔明兵法）	陳炳崑著	70元
㉔慧心良言	亦　奇著	80元
㉕名家慧語	蔡逸鴻主編	90元
㉖金色的人生	皮爾著	80元
㉗稱霸者啟示金言	黃柏松編譯	90元
㉘如何發揮你的潛能	陸明編譯	90元
㉙女人身態語言學	李常傳譯	130元
㉚摸透女人心	張文志譯	90元
㉛現代戀愛秘訣	王家成譯	70元
㉜給女人的悄悄話	妮倩編譯	90元
㉝行為語言的奧秘	歆夫編譯	110元
㉞如何開拓快樂人生	陸明編譯	90元
㉟驚人時間活用法	鐘文訓譯	80元
㊱成功的捷徑	鐘文訓譯	70元
㊲幽默逗笑術	林振輝著	120元
㊳活用血型讀書法	陳炳崑譯	80元
㊴心　燈	葉于模著	100元
㊵當心受騙	林顯茂譯	90元
㊶心・體・命運	蘇燕謀譯	70元
㊷如何使頭腦更敏銳	陸明編譯	70元
㊸宮本武藏五輪書金言錄	宮本武藏著	100元
㊹厚黑說服術	多湖輝著	90元
㊺勇者的智慧	黃柏松編譯	80元
㊼成熟的愛	林振輝譯	120元
㊽現代女性駕馭術	蔡德華著	90元
㊾禁忌遊戲	酒井潔著	90元
㊿自我表現術	多湖輝著	100元
51女性的魅力・年齡	廖玉山譯	90元
52摸透男人心	劉華亭編譯	80元
53如何達成願望	謝世輝著	90元
54創造奇蹟的「想念法」	謝世輝著	90元
55創造成功奇蹟	謝世輝著	90元
56男女幽默趣典	劉華亭譯	90元
57幻想與成功	廖松濤譯	80元
58反派角色的啟示	廖松濤編譯	70元
59現代女性須知	劉華亭編著	75元

⑥0一分鐘記憶術	廖玉山譯	90元
⑥1機智說話術	劉華亭編譯	100元
⑥2如何突破內向	姜倩怡編譯	110元
⑥3扭轉自我的信念	黃　翔編譯	100元
⑥4讀心術入門	王家成編譯	100元
⑥5如何解除內心壓力	林美羽編著	110元
⑥6取信於人的技巧	多湖輝著	110元
⑥7如何培養堅強的自我	林美羽編著	90元
⑥8自我能力的開拓	卓一凡編著	110元
⑥9求職的藝術	吳秀美編譯	100元
⑦0縱橫交涉術	嚴思圖編著	90元
⑦1如何培養妳的魅力	劉文珊編著	90元
⑦2魅力的力量	姜倩怡編著	90元
⑦3金錢心理學	多湖輝著	100元
⑦4語言的圈套	多湖輝著	110元
⑦5個性膽怯者的成功術	廖松濤編譯	100元
⑦6人性的光輝	文可式編著	90元
⑦7如何建立自信心	諾曼・比爾著	90元
⑦8驚人的速讀術	鐘文訓編譯	90元
⑦9培養靈敏頭腦秘訣	廖玉山編著	90元
⑧0夜晚心理術	鄭秀美編譯	80元
⑧1如何做個成熟的女性	李玉瓊編著	80元
⑧2現代女性成功術	劉文珊編著	90元
⑧3成功說話技巧	梁惠珠編譯	100元
⑧4人生的真諦	鐘文訓編譯	100元
⑧5妳是人見人愛的女孩	廖松濤編著	120元
⑧6精神緊張速解法	F・查爾斯著	90元
⑧7指尖・頭腦體操	蕭京凌編譯	90元
⑧8電話應對禮儀	蕭京凌編著	90元
⑧9自我表現的威力	廖松濤編譯	100元
⑨0名人名語啟示錄	喬家楓編著	100元
⑨1男與女的哲思	程鐘梅編譯	110元
⑨2靈思慧語	牧　風著	110元
⑨3心靈夜語	牧　風著	100元
⑨4激盪腦力訓練	廖松濤編譯	100元
⑨5三分鐘頭腦活性法	廖玉山編譯	110元
⑨6星期一的智慧	廖玉山編譯	100元
⑨7溝通說服術	賴文琇編譯	100元
⑨8超速讀超記憶法	廖松濤編譯	120元

•健康與美容• 電腦編號04

①B型肝炎預防與治療	曾慧琪譯	130元
③媚酒傳（中國王朝秘酒）	陸明主編	120元
④藥酒與健康果菜汁	成玉主編	150元
⑤中國回春健康術	蔡一藩著	100元
⑥奇蹟的斷食療法	蘇燕謀譯	110元
⑧健美食物法	陳炳崑譯	120元
⑨驚異的漢方療法	唐龍編著	90元
⑩不老強精食	唐龍編著	100元
⑪經脈美容法	月乃桂子著	90元
⑫五分鐘跳繩健身法	蘇明達譯	100元
⑬睡眠健康法	王家成譯	80元
⑭你就是名醫	張芳明譯	90元
⑮如何保護你的眼睛	蘇燕謀譯	70元
⑯自我指壓術	今井義睛著	120元
⑰室內身體鍛鍊法	陳炳崑譯	100元
⑱飲酒健康法	J•亞當姆斯著	100元
⑲釋迦長壽健康法	譚繼山譯	90元
⑳腳部按摩健康法	譚繼山譯	120元
㉑自律健康法	蘇明達譯	90元
㉓身心保健座右銘	張仁福著	160元
㉔腦中風家庭看護與運動治療	林振輝譯	100元
㉕秘傳醫學人相術	成玉主編	120元
㉖導引術入門⑴治療慢性病	成玉主編	110元
㉗導引術入門⑵健康•美容	成玉主編	110元
㉘導引術入門⑶身心健康法	成玉主編	110元
㉙妙用靈藥•蘆薈	李常傳譯	90元
㉚萬病回春百科	吳通華著	150元
㉛初次懷孕的10個月	成玉編譯	100元
㉜中國秘傳氣功治百病	陳炳崑編譯	130元
㉞仙人成仙術	陸明編譯	100元
㉟仙人長生不老學	陸明編譯	100元
㊱釋迦秘傳米粒刺激法	鐘文訓譯	120元
㊲痔•治療與預防	陸明編譯	130元
㊳自我防身絕技	陳炳崑編譯	120元
㊴運動不足時疲勞消除法	廖松濤譯	110元
㊵三溫暖健康法	鐘文訓編譯	90元
㊷維他命C新效果	鐘文訓譯	90元
㊸維他命與健康	鐘文訓譯	120元

㊺森林浴—綠的健康法	劉華亭編譯	80元
㊼導引術入門(4)酒浴健康法	成玉主編	90元
㊽導引術入門(5)不老回春法	成玉主編	90元
㊾山白竹（劍竹）健康法	鐘文訓譯	90元
㊿解救你的心臟	鐘文訓編譯	100元
51牙齒保健法	廖玉山譯	90元
52超人氣功法	陸明編譯	110元
53超能力秘密開發法	廖松濤譯	80元
54借力的奇蹟(1)	力拔山著	100元
55借力的奇蹟(2)	力拔山著	100元
56五分鐘小睡健康法	呂添發撰	100元
57禿髮、白髮預防與治療	陳炳崑撰	100元
58吃出健康藥膳	劉大器著	100元
59艾草健康法	張汝明編譯	90元
60一分鐘健康診斷	蕭京凌編譯	90元
61念術入門	黃静香編譯	90元
62念術健康法	黃静香編譯	90元
63健身回春法	梁惠珠編譯	100元
64姿勢養生法	黃秀娟編譯	90元
65仙人瞑想法	鐘文訓譯	120元
66人蔘的神效	林慶旺譯	100元
67奇穴治百病	吳通華著	120元
68中國傳統健康法	靳海東著	100元
69下半身減肥法	納他夏・史達賓著	110元
70使妳的肌膚更亮麗	楊　皓編譯	100元
71酵素健康法	楊　皓編譯	120元
72做一個快樂的病人	吳秀美譯	100元
73腰痛預防與治療	五味雅吉著	100元
74如何預防心臟病・腦中風	譚定長等著	100元
75少女的生理秘密	蕭京凌譯	120元
76頭部按摩與針灸	楊鴻儒譯	100元
77雙極療術入門	林聖道著	100元
78氣功自療法	梁景蓮著	100元
79大蒜健康法	李玉瓊編譯	100元
80紅蘿蔔汁斷食療法	李玉瓊譯	120元
81健胸美容秘訣	黃静香譯	100元
82鍺奇蹟療效	林宏儒譯	120元
83三分鐘健身運動	廖玉山譯	120元
84尿療法的奇蹟	廖玉山譯	120元
85神奇的聚積療法	廖玉山譯	120元
86預防運動傷害伸展體操	楊鴻儒編譯	120元

⑧⑦糖尿病預防與治療	石莉涓譯	150元
⑧⑧五日就能改變你	柯素娥譯	110元
⑧⑨三分鐘氣功健康法	陳美華譯	120元
⑨⓪痛風劇痛消除法	余昇凌譯	120元
⑨①道家氣功術	早島正雄著	130元
⑨②氣功減肥術	早島正雄著	120元
⑨③超能力氣功法	柯素娥譯	130元
⑨④氣的瞑想法	早島正雄著	120元

•家庭／生活•電腦編號05

①單身女郎生活經驗談	廖玉山編著	100元
②血型•人際關係	黃靜編著	120元
③血型•妻子	黃靜編著	110元
④血型•丈夫	廖玉山編譯	130元
⑤血型•升學考試	沈永嘉編譯	120元
⑥血型•臉型•愛情	鐘文訓編譯	120元
⑦現代社交須知	廖松濤編譯	100元
⑧簡易家庭按摩	鐘文訓編譯	150元
⑨圖解家庭看護	廖玉山編譯	120元
⑩生男育女隨心所欲	岡正基編著	120元
⑪家庭急救治療法	鐘文訓編著	100元
⑫新孕婦體操	林曉鐘譯	120元
⑬從食物改變個性	廖玉山編譯	100元
⑭職業婦女的衣著	吳秀美編譯	120元
⑮成功的穿著	吳秀美編譯	120元
⑯現代人的婚姻危機	黃　靜編著	90元
⑰親子遊戲　0歲	林慶旺編譯	100元
⑱親子遊戲　1～2歲	林慶旺編譯	110元
⑲親子遊戲　3歲	林慶旺編譯	100元
⑳女性醫學新知	林曉鐘編譯	130元
㉑媽媽與嬰兒	張汝明編譯	150元
㉒生活智慧百科	黃　靜編譯	100元
㉓手相•健康•你	林曉鐘編譯	120元
㉔菜食與健康	張汝明編譯	110元
㉕家庭素食料理	陳東達著	140元
㉖性能力活用秘法	米開•尼里著	130元
㉗兩性之間	林慶旺編譯	120元
㉘性感經穴健康法	蕭京凌編譯	110元
㉙幼兒推拿健康法	蕭京凌編譯	100元
㉚談中國料理	丁秀山編著	100元

㉛舌技入門　增田豐　著　130元
㉜預防癌症的飲食法　黃靜香編譯　120元
㉝性與健康寶典　黃靜香編譯　180元
㉞正確避孕法　蕭京凌編譯　130元
㉟吃的更漂亮美容食譜　楊萬里著　120元
㊱圖解交際舞速成　鐘文訓編譯　150元
㊲觀相導引術　沈永嘉譯　130元
㊳初為人母12個月　陳義譯　130元
㊴圖解麻將入門　顧安行編譯　130元
㊵麻將必勝秘訣　石利夫編譯　130元
㊶女性一生與漢方　蕭京凌編譯　100元
㊷家電的使用與修護　鐘文訓編譯　130元
㊸錯誤的家庭醫療法　鐘文訓編譯　100元
㊹簡易防身術　陳慧珍編譯　130元
㊺茶健康法　鐘文訓編譯　130元
㊻如何與子女談性　黃靜香譯　100元
㊼生活的藝術　沈永嘉編著　120元
㊽雜草雜果健康法　沈永嘉編著　120元
㊾如何選擇理想妻子　荒谷慈著　110元
㊿如何選擇理想丈夫　荒谷慈著　110元
51中國食與性的智慧　根本光人著　150元
52開運法話　陳宏男譯　100元
53禪語經典＜上＞　平田精耕著　150元
54禪語經典＜下＞　平田精耕著　150元
55手掌按摩健康法　鐘文訓譯　150元
56脚底按摩健康法　鐘文訓譯　150元
57仙道運氣健身法　高藤聰一郎著　150元
58健心、健體呼吸法　蕭京凌譯　120元
59自彊術入門　蕭京凌譯　120元
60指技入門　增田豐著　130元
61下半身鍛鍊法　增田豐著　150元
62表象式學舞法　黃靜香編譯　180元
63圖解家庭瑜伽　鐘文訓譯　130元
64食物治療寶典　黃靜香編譯　130元
65智障兒保育入門　楊鴻儒譯　130元
66自閉兒童指導入門　楊鴻儒譯　150元
67乳癌發現與治療　黃靜香譯　130元
68盆栽培養與欣賞　廖啟新編譯　150元
69世界手語入門　蕭京凌編譯　150元
70賽馬必勝法　李錦雀編譯　200元
71中藥健康粥　蕭京凌編譯　120元

⑫健康食品指南	劉文珊編譯	130元
⑬健康長壽飲食法	鐘文訓編譯	150元
⑭夜生活規則	增田豐著	120元
⑮自製家庭食品	鐘文訓編譯	180元
⑯仙道帝王招財術	廖玉山譯	130元
⑰「氣」的蓄財術	劉名揚譯	130元
⑱佛教健康法入門	劉名揚譯	130元
⑲男女健康醫學	郭汝蘭譯	150元
⑳成功的果樹培育法	張煌編譯	130元
㉑實用家庭菜園	孔翔儀編譯	130元
㉒氣與中國飲食法	柯素娥編譯	130元
㉓世界生活趣譚	林其英著	160元
㉔胎教二八〇天	鄭淑美譯	180元
㉕酒自己動手釀	柯素娥編著	160元

・命理與預言・電腦編號06

①星座算命術	張文志譯	120元
③圖解命運學	陸明編著	100元
④中國秘傳面相術	陳炳崑編著	110元
⑤輪迴法則（生命轉生的秘密）	五島勉著	80元
⑥命名彙典	水雲居士編著	100元
⑦簡明紫微斗術命運學	唐龍編著	130元
⑧住宅風水吉凶判斷法	琪輝編譯	120元
⑨鬼谷算命秘術	鬼谷子著	150元
⑫簡明四柱推命學	李常傳編譯	150元
⑬性占星術	柯順隆編譯	80元
⑭十二支命相學	王家成譯	80元
⑮啟示錄中的世界末日	蘇燕謀編譯	80元
⑯簡明易占學	黃小娥著	100元
⑰指紋算命學	邱夢蕾譯	90元
⑱樸克牌占卜入門	王家成譯	100元
⑲Ａ血型與十二生肖	鄒雲英編譯	90元
⑳Ｂ血型與十二生肖	鄒雲英編譯	90元
㉑Ｏ血型與十二生肖	鄒雲英編譯	100元
㉒ＡＢ血型與十二生肖	鄒雲英編譯	90元
㉓筆跡占卜學	周子敬著	120元
㉔神秘消失的人類	林達中譯	80元
㉕世界之謎與怪談	陳炳崑譯	80元
㉖符咒術入門	柳玉山人編	100元
㉗神奇的白符咒	柳玉山人編	120元

㉘神奇的紫符咒	柳玉山人編	120元
㉙秘咒魔法開運術	吳慧鈴編譯	180元
㉚中國式面相學入門	蕭京凌編著	90元
㉛改變命運的手相術	鐘文訓編著	120元
㉜黃帝手相占術	鮑黎明著	130元
㉝惡魔的咒法	杜美芳譯	150元
㉞脚相開運術	王瑞禎譯	130元
㉟面相開運術	許麗玲譯	150元
㊱房屋風水與運勢	邱震睿編譯	130元
㊲商店風水與運勢	邱震睿編譯	130元
㊳諸葛流天文遁甲	巫立華譯	150元
㊴聖帝五龍占術	廖玉山譯	180元
㊵萬能神算	張助馨編著	120元
㊶神秘的前世占卜	劉名揚譯	150元
㊷諸葛流奇門遁甲	巫立華譯	150元
㊸諸葛流四柱推命	巫立華譯	180元

・教養特輯・電腦編號07

①管教子女絕招	多湖輝著	70元
②正確性知識（美國中學副課本）	徐道政譯	80元
⑤如何教育幼兒	林振輝譯	80元
⑥看圖學英文	陳炳崑編著	90元
⑦關心孩子的眼睛	陸明編	70元
⑧如何生育優秀下一代	邱夢蕾編著	100元
⑨父母如何與子女相處	安紀芳編譯	80元
⑩現代育兒指南	劉華亭編譯	90元
⑪父母離婚你該怎麼辦	吳秀美譯	80元
⑫如何培養自立的下一代	黃靜香編譯	80元
⑬使用雙手增強腦力	沈永嘉編譯	70元
⑭教養孩子的母親暗示法	多湖輝著	90元
⑮奇蹟教養法	鐘文訓編譯	90元
⑯慈父嚴母的時代	多湖輝著	90元
⑰如何發現問題兒童的才智	林慶旺譯	100元
⑱再見！夜尿症	黃靜香編譯	90元
⑲育兒新智慧	黃靜編譯	90元
⑳長子培育術	劉華亭編譯	80元
㉑親子運動遊戲	蕭京凌編譯	90元
㉒一分鐘刺激會話法	鐘文訓編著	90元
㉓啟發孩子讀書的興趣	李玉瓊編著	100元
㉔如何使孩子更聰明	黃靜編著	100元

國立中央圖書館出版品預行編目資料

美容外科淺談：美容科學爲人類所帶來的所境界
／楊啟宏著 --初版 --臺北市：大展，民83
面； 公分 --（健康天地；14）
ISBN 957-557-437-0（平裝）

1. 美容

424.7 83002161

ISBN 957-557-437-0

美容外科淺談

著 者／楊 啟 宏
發 行 人／蔡 森 明
出 版 者／大展出版社有限公司
社 址／台北市北投區（石牌）
致遠一路二段12巷1號
電 話／（02）8236031・8236033
傳 眞／（02）8272069
郵政劃撥／0166955－1
登 記 證／局版臺業字第2171號

法律顧問／劉 鈞 男 律師
承 印 者／國順圖書印刷公司
裝 訂／日新裝訂所
排 版 者／千賓電腦打字有限公司
電 話／（02）8836052
初 版／1994年（民83年） 4月
定 價／150元

大展好書
好書大展